目 

CONTENT

數據分析圖表目錄

目錄

CONTENT

數據分析圖表

格式參考

data and calculations tables

講解 1.2 作圖的方法

A. 半對數圖

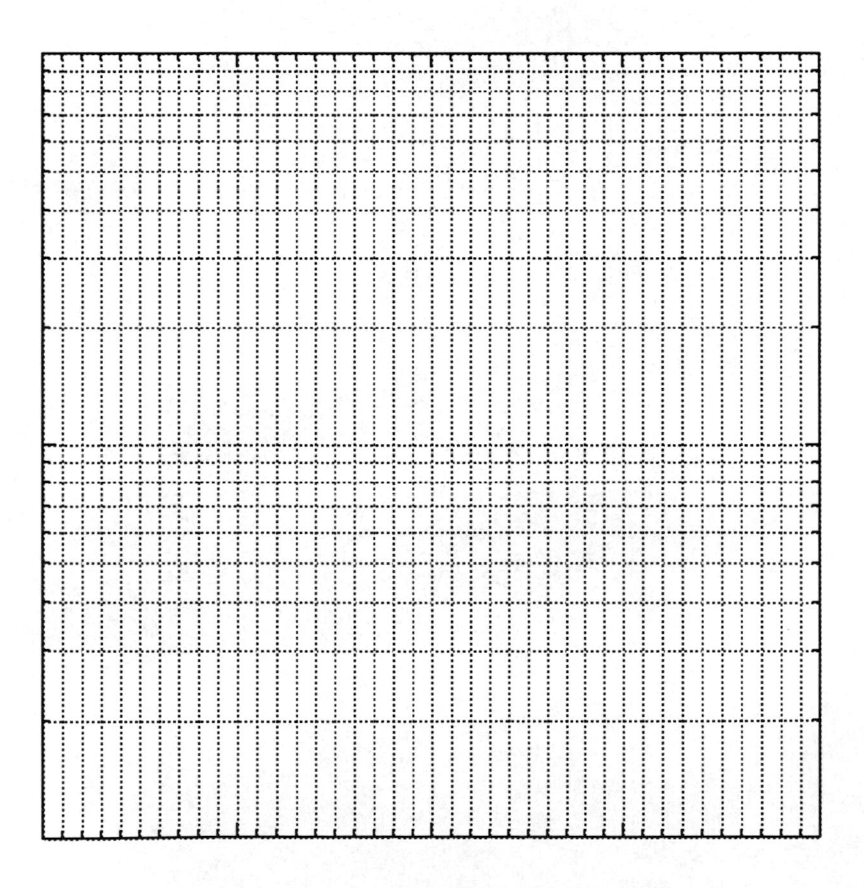

B. 全對數圖

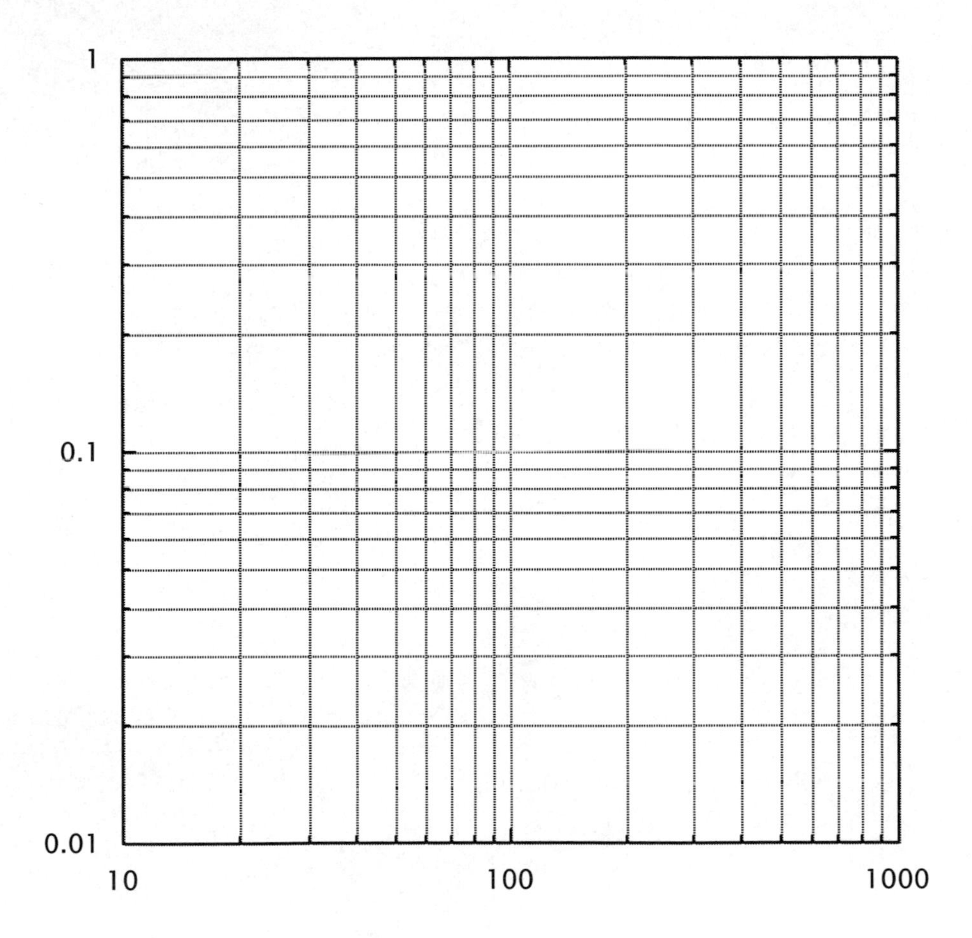

實驗 2.1 基本度量衡

11. 基本測量

A. 圓筒的尺寸

測量值記錄至 mm 下二位，不可省略最後的 “0”. 平均值及標準差取至 mm 下 3 位。

圓筒的外徑 ϕ_{out} (單位 mm)

次數	測量者簽名	零點校正	讀數	淨值
Trial 1				
Trial 2				
Trial 3				
Trial 4				
Trial 5				
Trial 6				
Trial 7				
Trial 8				
Trial 9				
Trial 10				
			標準差 $\sigma_{\phi_{out}}$	
平均值 $\bar{\phi}_{out}$		± **平均標準差** $\sigma_{\bar{\phi}_{out}}$		

圓筒的內徑 ϕ_{in}

次數	測量者簽名	零點校正	讀數	淨值
Trial 1				
Trial 2				
Trial 3				
Trial 4				
Trial 5				
Trial 6				
Trial 7				
Trial 8				
Trial 9				
Trial 10				
			標準差 $\sigma_{\phi_{in}}$	
平均值 $\bar{\phi}_{in}$		± **平均標準差** $\sigma_{\bar{\phi}_{in}}$		

圓筒的壁厚平均值 $\bar{w} = \frac{1}{2}(\bar{\phi}_{out} - \bar{\phi}_{in}) =$ (單位)

圓筒壁厚標準差 $\sigma_w = \frac{1}{2}\sqrt{\sigma_{\phi_{out}}{}^2 + \sigma_{\phi_{in}}{}^2} =$

(單位)

圓筒的高度 h

次數	測量者簽名	零點校正	讀數	淨值
Trial 1				
Trial 2				
Trial 3				
Trial 4				
Trial 5				
Trial 6				
Trial 7				
Trial 8				
Trial 9				
Trial 10				
			標準差 σ_h	
平均值 $\bar{h}$		± 平均標準差 $\sigma_{\bar{h}}$		

圓筒的深度 d

次數	測量者簽名	零點校正	讀數	淨值
Trial 1				
Trial 2				
Trial 3				
Trial 4				
Trial 5				
Trial 6				
Trial 7				
Trial 8				
Trial 9				
Trial 10				
			標準差 σ_d	
平均值 $\bar{d}$		± **平均標準差** $\sigma_{\bar{d}}$		

圓筒的底厚平均值 $\bar{b}=\bar{h}-\bar{d}$ = (單位)

標準差 $\sigma_b = \sqrt{\sigma_h^2+\sigma_d^2}$ =

(單位)

圓筒的外徑 ϕ_{out} (inch)　　依英美習慣，可用帶分數來記錄，如 $2\frac{7}{16}$ ″

次數	測量者簽名	零點校正	主尺讀數	副尺讀數	主尺+副尺	淨值
Trial 1		$\frac{}{128}$	$\frac{}{16}$	$\frac{}{128}$	$\frac{}{128}$	$\frac{}{128}$
Trial 2		$\frac{}{128}$	$\frac{}{16}$	$\frac{}{128}$	$\frac{}{128}$	$\frac{}{128}$
Trial 3		$\frac{}{128}$	$\frac{}{16}$	$\frac{}{128}$	$\frac{}{128}$	$\frac{}{128}$

平均值 $\overline{\phi}_{out}$ (mm)		± 平均標準差 $\sigma_{\overline{\phi}_{out}}$ (mm)	
標準差 $\sigma_{\phi_{out}}$ (mm)			

圓筒的內徑 ϕ_{in} (inch)

次數	測量者簽名	零點校正	主尺讀數	副尺讀數	主尺+副尺	淨值
Trial 1		$\frac{}{128}$	$\frac{}{16}$	$\frac{}{128}$	$\frac{}{128}$	$\frac{}{128}$
Trial 2		$\frac{}{128}$	$\frac{}{16}$	$\frac{}{128}$	$\frac{}{128}$	$\frac{}{128}$
Trial 3		$\frac{}{128}$	$\frac{}{16}$	$\frac{}{128}$	$\frac{}{128}$	$\frac{}{128}$

平均值 $\overline{\phi}_{in}$ (mm)		± 平均標準差 $\sigma_{\overline{\phi}_{in}}$ (mm)	
標準差 $\sigma_{\phi_{in}}$ (mm)			

圓筒的高度 h (inch)

次數	測量者簽名	零點校正	主尺讀數	副尺讀數	主尺+副尺	淨值
Trial 1		$\frac{\quad}{128}$	$\frac{\quad}{16}$	$\frac{\quad}{128}$	$\frac{\quad}{128}$	$\frac{\quad}{128}$
Trial 2		$\frac{\quad}{128}$	$\frac{\quad}{16}$	$\frac{\quad}{128}$	$\frac{\quad}{128}$	$\frac{\quad}{128}$
Trial 3		$\frac{\quad}{128}$	$\frac{\quad}{16}$	$\frac{\quad}{128}$	$\frac{\quad}{128}$	$\frac{\quad}{128}$
平均值 $\bar{h}$ (mm)			± **平均標準差** $\sigma_{\bar{h}}$ (mm)			

圓筒的深度 d (inch)

次數	測量者簽名	零點校正	主尺讀數	副尺讀數	主尺+副尺	淨值
Trial 1		$\frac{\quad}{128}$	$\frac{\quad}{16}$	$\frac{\quad}{128}$	$\frac{\quad}{128}$	$\frac{\quad}{128}$
Trial 2		$\frac{\quad}{128}$	$\frac{\quad}{16}$	$\frac{\quad}{128}$	$\frac{\quad}{128}$	$\frac{\quad}{128}$
Trial 3		$\frac{\quad}{128}$	$\frac{\quad}{16}$	$\frac{\quad}{128}$	$\frac{\quad}{128}$	$\frac{\quad}{128}$
平均值 $\bar{d}$ (mm)			± **平均標準差** $\sigma_{\bar{d}}$ (mm)			

圓筒的底厚平均值 $\bar{t} = \bar{h} - \bar{d} =$

圓筒的底厚標準差 $\sigma_t = \sqrt{\sigma_{\bar{h}}^2 + \sigma_{\bar{d}}^2} =$

B. 螺旋測微器測定頭髮的直徑、紙張的厚度等

加上一位估計值，記錄至 μm

物品名稱	次數	零點校正(mm)	讀數 (mm)	淨值 (mm)
	Trial 1			
	Trial 2			
	Trial 3			
			平均值	
	Trial 1			
	Trial 2			
	Trial 3			
			平均值	
	Trial 1			
	Trial 2			
	Trial 3			
			平均值	

C. 玻璃凸面曲率半徑

AB, BC, CA 兩腳間的距離 a

次數	測量者簽名	零點校正(mm)	測定值 (mm)	淨值 (mm)
AB: trial 1				
BC: trial 1				
CA: trial 1				
AB: trial 2				
BC: trial 2				
CA: trial 2				
AB: trial 3				
BC: trial 3				
CA: trial 3				
AB: trial 4				
BC: trial 4				
CA: trial 4				

平均值(到 mm 下 3 位) $\overline{a}$ = (單位)

標準差(到 mm 下 3 位) σ_a = (單位)

平均標準差(到 mm 下 3 位) $\sigma_{\overline{a}}$ =

DE 高度 *h*

次數	測量者簽名	零點校正(mm)	測定值 (mm)	淨值 (mm)
Trial 1				
Trial 2				
Trial 3				
Trial 4				
Trial 5				
Trial 6				
Trial 7				
Trial 8				
Trial 9				
Trial 10				

平均值(到 mm 下 4 位) $\bar{h}$ = (單位)

標準差(到 mm 下 4 位) σ_h =

平均標準差(到 mm 下 4 位) $\sigma_{\bar{h}}$ = (單位)

曲率半徑

$\bar{R} = \frac{\bar{h}}{2} + \frac{\bar{a}^2}{6\bar{h}}$ = (單位)

曲率半徑的標準差

$$\sigma_R = \sqrt{(\sigma_h/2)^2 + (\sigma_{a^2/h}/6)^2} = \sqrt{\frac{1}{4}\sigma_h{}^2 + \frac{1}{36}\sigma_{a^2/h}{}^2} = \frac{1}{6}\sqrt{9\sigma_h{}^2 + \left(\frac{\bar{a}^2}{\bar{h}}\right)^2\left(2^2\frac{\sigma_a{}^2}{\bar{a}^2} + \frac{\sigma_h{}^2}{\bar{h}^2}\right)}$$

$$= \frac{1}{6\bar{h}^2}\sqrt{9\bar{h}^4\sigma_h{}^2 + 4\bar{a}^2\bar{h}^2\sigma_a{}^2 + \bar{a}^4\sigma_h{}^2} \approx \frac{1}{6\bar{h}^2}\sqrt{\bar{a}^4\sigma_h{}^2} = \frac{\bar{a}^2\sigma_h}{6\bar{h}^2} =$$

(單位)

D. 密度的測定

木塊的長度 l (mm)

次數	測量者簽名	零點校正	讀數	淨值
Trial 1				
Trial 2				
Trial 3				
		平均值	$\bar{l}$	
		標準差	σ_l	
		平均標準差	$\sigma_{\bar{l}}$	
		平均標準差	$100\% \times \sigma_{\bar{l}} / \bar{l}$	%

木塊的寬度 w (mm)

次數	測量者簽名	零點校正	讀數	淨值
Trial 1				
Trial 2				
Trial 3				

平均值	$\overline{w}$	
標準差	σ_w	
平均標準差	$\sigma_{\overline{w}}$	
平均標準差	$100\% \times \sigma_{\overline{w}} / \overline{w}$	%

木塊的高度 h (mm)

次數	測量者簽名	零點校正	讀數	淨值
Trial 1				
Trial 2				
Trial 3				
		平均值	$\overline{h}$	
		標準差	σ_h	
		平均標準差	$\sigma_{\overline{h}}$	
		平均標準差	$100\% \times \sigma_{\overline{h}} / \overline{h}$	%

木塊的體積 $\overline{V} = \overline{l}\overline{w}\overline{h} =$ (單位)

標準差 (%) $\frac{\sigma_V}{\overline{V}} = \sqrt{\left(\frac{\sigma_l}{\overline{l}}\right)^2 + \left(\frac{\sigma_w}{\overline{w}}\right)^2 + \left(\frac{\sigma_h}{\overline{h}}\right)^2}$

木塊的質量 m (g)

次數	測量者簽名	零點校正	讀數	淨值
Trial 1				
Trial 2				
Trial 3				
		平均值	$\bar{m}$	
		標準差	σ_m	
		平均標準差	$\sigma_{\bar{m}}$	
		平均標準差	$100\% \times \sigma_{\bar{m}} / \bar{m}$	%

木塊的密度 $\bar{\rho} = \bar{m} / \bar{V}$ = (g/mm^3)

= (g/cm^3)

標準差 (%) $\dfrac{\sigma_\rho}{\bar{\rho}} = \sqrt{\left(\dfrac{\sigma_m}{\bar{m}}\right)^2 + \left(\dfrac{\sigma_V}{\bar{V}}\right)^2} =$

標準差 $\sigma_\rho =$ (g/cm^3)

實驗 4.2 自由落體

A. 利用鋼珠及兩道光電閘 (初速不為零) [cgs 或 SI 單位制]

s_1 =
s_2 =

通過時間 Δt	重力加速度 g	偏差 $g-\overline{g}$	是否保留

平均值	$\overline{g}$	
標準差	σ_g	
變異係數	$\sigma_g/\overline{g}$	
平均標準差	$\sigma_{\overline{g}}$	
系統誤差	$\overline{g}-g_{st}$	
誤差百分率	$\frac{\overline{g}-g_{st}}{g_{st}}$	%

s_1 =
s_2 =

通過時間 Δt	重力加速度 g	偏差 $g-\overline{g}$	是否保留

平均值	$\overline{g}$	
標準差	σ_g	
變異係數	$\sigma_g/\overline{g}$	
平均標準差	$\sigma_{\overline{g}}$	
系統誤差	$\overline{g}-g_{st}$	
誤差百分率	$\frac{\overline{g}-g_{st}}{g_{st}}$	%

嘉義地區的重力加速度公認值 g_{st} 以 978 gal 計

B. 利用薄板及一道光電閘 (截面通過時間)　　　　[cgs 或 SI 單位制]

板長 l = 距離 h =				板長 l = 距離 h =			
通過時間 Δt	重力加速度 g	偏差 $g-\overline{g}$	是否保留	通過時間 Δt	重力加速度 g	偏差 $g-\overline{g}$	是否保留

平均值	$\overline{g}$		平均值	$\overline{g}$	
標準差	σ_g		標準差	σ_g	
變異係數	$\sigma_g/\overline{g}$		變異係數	$\sigma_g/\overline{g}$	
平均 標準差	$\sigma_{\overline{g}}$		平均 標準差	σ_g	
系統誤差	$\overline{g}-g_{st}$		系統誤差	$\overline{g}-g_{st}$	
誤差 百分率	$\dfrac{\overline{g}-g_{st}}{g_{st}}$	%	誤差 百分率	$\dfrac{\overline{g}-g_{st}}{g_{st}}$	%

C. 利用鋼珠、電磁鐵及一道光電閘 (初速為零) [cgs 或 SI 單位制]

距離 $h =$				距離 $h =$			
通過時間 Δt	重力加速度 g	偏差 $g-\bar{g}$	是否保留	通過時間 Δt	重力加速度 g	偏差 $g-\bar{g}$	是否保留

平均值	$\bar{g}$		**平均值**	$\bar{g}$	
標準差	σ_g		**標準差**	σ_g	
變異係數	$\sigma_g/\bar{g}$		**變異係數**	$\sigma_g/\bar{g}$	
平均標準差	$\sigma_{\bar{g}}$		**平均標準差**	$\sigma_{\bar{g}}$	
系統誤差	$\bar{g}-g_{\mathrm{st}}$		**系統誤差**	$\bar{g}-g_{\mathrm{st}}$	
誤差百分率	$\frac{\bar{g}-g_{\mathrm{st}}}{g_{\mathrm{st}}}$	%	**誤差百分率**	$\frac{\bar{g}-g_{\mathrm{st}}}{g_{\mathrm{st}}}$	%

實驗 3.1 Newton 第二運動定律

(1) 利用時間差求加速度 $l =$ [SI 單位或 cgs 單位]

$m_1 =$ $m_2 =$

$F = m_1 g =$ $a_{th} = m_1 g / (m_1 + m_2) =$

序號	滑車前緣位置 x_0	光電閘 1 位置 x_1	光電閘 2 位置 x_2	$l + s_1 = l + x_1 - x_0$	$l + s_2 = l + x_2 - x_0$	加速度 a
Trial 1						
Trial 2						
Trial 3						

平均值		標準差	
百分誤差	$100\% \times (a - a_{th}) / a_{th}$		

$m_1 =$ $m_2 =$

$F = m_1 g =$ $a_{th} = m_1 g / (m_1 + m_2) =$

序號	滑車前緣位置 x_0	光電閘 1 位置 x_1	光電閘 2 位置 x_2	$l + s_1 = l + x_1 - x_0$	$l + s_2 = l + x_2 - x_0$	加速度 a
Trial 1						
Trial 2						
Trial 3						

平均值		標準差	
百分誤差	$100\% \times (a - a_{th}) / a_{th}$		

$m_1 =$ $m_2 =$

$F = m_1 g =$ $a_{th} = m_1 g/(m_1 + m_2) =$

序號	滑車前緣位置 x_0	光電閘 1 位置 x_1	光電閘 2 位置 x_2	$l+s_1=$ $l+x_1-x_0$	$l+s_2=$ $l+x_2-x_0$	加速度 a
Trial 1						
Trial 2						
Trial 3						
			平均值		標準差	
			百分誤差	$100\% \times (a-a_{th})/a_{th}$		

$m_1 =$ $m_2 =$

$F = m_1 g =$ $a_{th} = m_1 g/(m_1 + m_2) =$

序號	滑車前緣位置 x_0	光電閘 1 位置 x_1	光電閘 2 位置 x_2	$l+s_1=$ $l+x_1-x_0$	$l+s_2=$ $l+x_2-x_0$	加速度 a
Trial 1						
Trial 2						
Trial 3						
			平均值		標準差	
			百分誤差	$100\% \times (a-a_{th})/a_{th}$		

$m_1 =$ $m_2 =$

$F = m_1 g =$ $a_{th} = m_1 g/(m_1 + m_2) =$

序號	滑車前緣位置 x_0	光電閘 1 位置 x_1	光電閘 2 位置 x_2	$l + s_1 =$ $l + x_1 - x_0$	$l + s_2 =$ $l + x_2 - x_0$	加速度 a
Trial 1						
Trial 2						
Trial 3						

平均值		標準差	
百分誤差	$100\% \times (a - a_{th})/a_{th}$		

$m_1 =$ $m_2 =$

$F = m_1 g =$ $a_{th} = m_1 g/(m_1 + m_2) =$

序號	滑車前緣位置 x_0	光電閘 1 位置 x_1	光電閘 2 位置 x_2	$l + s_1 =$ $l + x_1 - x_0$	$l + s_2 =$ $l + x_2 - x_0$	加速度 a
Trial 1						
Trial 2						
Trial 3						

平均值		標準差	
百分誤差	$100\% \times (a - a_{th})/a_{th}$		

$m_1 =$ $m_2 =$

$F = m_1 g =$ $a_{th} = m_1 g / (m_1 + m_2) =$

序號	滑車前緣位置 x_0	光電閘 1 位置 x_1	光電閘 2 位置 x_2	$l + s_1 = l + x_1 - x_0$	$l + s_2 = l + x_2 - x_0$	加速度 a
Trial 1						
Trial 2						
Trial 3						
			平均值		標準差	
			百分誤差	$100\% \times (a - a_{th}) / a_{th}$		

$m_1 =$ $m_2 =$

$F = m_1 g =$ $a_{th} = m_1 g / (m_1 + m_2) =$

序號	滑車前緣位置 x_0	光電閘 1 位置 x_1	光電閘 2 位置 x_2	$l + s_1 = l + x_1 - x_0$	$l + s_2 = l + x_2 - x_0$	加速度 a
Trial 1						
Trial 2						
Trial 3						
			平均值		標準差	
			百分誤差	$100\% \times (a - a_{th}) / a_{th}$		

$m_1 =$ $m_2 =$

$F = m_1 g =$ $a_{th} = m_1 g/(m_1 + m_2) =$

序號	滑車前緣位置 x_0	光電閘 1 位置 x_1	光電閘 2 位置 x_2	$l+s_1= l+x_1-x_0$	$l+s_2= l+x_2-x_0$	加速度 *a*
Trial 1						
Trial 2						
Trial 3						

平均值		標準差	
百分誤差 $100\% \times (a - a_{th})/a_{th}$			

$m_1 =$ $m_2 =$

$F = m_1 g =$ $a_{th} = m_1 g/(m_1 + m_2) =$

序號	滑車前緣位置 x_0	光電閘 1 位置 x_1	光電閘 2 位置 x_2	$l+s_1= l+x_1-x_0$	$l+s_2= l+x_2-x_0$	加速度 *a*
Trial 1						
Trial 2						
Trial 3						

平均值		標準差	
百分誤差 $100\% \times (a - a_{th})/a_{th}$			

$m_1 =$ $m_2 =$

$F = m_1 g =$ $a_{th} = m_1 g / (m_1 + m_2) =$

序號	滑車前緣位置 x_0	光電閘 1 位置 x_1	光電閘 2 位置 x_2	$l + s_1 = l + x_1 - x_0$	$l + s_2 = l + x_2 - x_0$	加速度 a
Trial 1						
Trial 2						
Trial 3						
			平均值		標準差	
			百分誤差	$100\% \times (a - a_{th}) / a_{th}$		

$m_1 =$ $m_2 =$

$F = m_1 g =$ $a_{th} = m_1 g / (m_1 + m_2) =$

序號	滑車前緣位置 x_0	光電閘 1 位置 x_1	光電閘 2 位置 x_2	$l + s_1 = l + x_1 - x_0$	$l + s_2 = l + x_2 - x_0$	加速度 a
Trial 1						
Trial 2						
Trial 3						
			平均值		標準差	
			百分誤差	$100\% \times (a - a_{th}) / a_{th}$		

(2) 利用速率平方差求平均加速度 [SI 單位或 cgs 單位]

$m_1 =$ $m_2 =$

$F = m_1 g =$ $a_{th} = m_1 g/(m_1 + m_2) =$

序號	光電閘 1 位置 x_1	光電閘 2 位置 x_2	距離 $s = x_2 - x_1$	速率 v_1	速率 v_2	加速度 a
Trial 1						
Trial 2						
Trial 3						

平均值		標準差	
百分誤差	$100\% \times (a - a_{th})/a_{th}$		

$m_1 =$ $m_2 =$

$F = m_1 g =$ $a_{th} = m_1 g/(m_1 + m_2) =$

序號	光電閘 1 位置 x_1	光電閘 2 位置 x_2	距離 $s = x_2 - x_1$	速率 v_1	速率 v_2	加速度 a
Trial 1						
Trial 2						
Trial 3						

平均值		標準差	
百分誤差	$100\% \times (a - a_{th})/a_{th}$		

$m_1=$ $m_2=$

$F=m_1 g=$ $a_{\text{th}}=m_1 g/(m_1+m_2)=$

序號	光電閘 1 位置 x_1	光電閘 2 位置 x_2	距離 $s=x_2-x_1$	速率 v_1	速率 v_2	加速度 a
Trial 1						
Trial 2						
Trial 3						
			平均值		標準差	
			百分誤差	$100\% \times (a-a_{\text{th}})/a_{\text{th}}$		

$m_1=$ $m_2=$

$F=m_1 g=$ $a_{\text{th}}=m_1 g/(m_1+m_2)=$

序號	光電閘 1 位置 x_1	光電閘 2 位置 x_2	距離 $s=x_2-x_1$	速率 v_1	速率 v_2	加速度 a
Trial 1						
Trial 2						
Trial 3						
			平均值		標準差	
			百分誤差	$100\% \times (a-a_{\text{th}})/a_{\text{th}}$		

$m_1 =$ $m_2 =$

$F = m_1 g =$ $a_{th} = m_1 g/(m_1 + m_2) =$

序號	光電閘 1 位置 x_1	光電閘 2 位置 x_2	距離 $s = x_2 - x_1$	速率 v_1	速率 v_2	加速度 a
Trial 1						
Trial 2						
Trial 3						

平均值		標準差	
百分誤差	$100\% \times (a - a_{th})/a_{th}$		

$m_1 =$ $m_2 =$

$F = m_1 g =$ $a_{th} = m_1 g/(m_1 + m_2) =$

序號	光電閘 1 位置 x_1	光電閘 2 位置 x_2	距離 $s = x_2 - x_1$	速率 v_1	速率 v_2	加速度 a
Trial 1						
Trial 2						
Trial 3						

平均值		標準差	
百分誤差	$100\% \times (a - a_{th})/a_{th}$		

$m_1 =$ $m_2 =$

$F = m_1 g =$ $a_{th} = m_1 g/(m_1 + m_2) =$

序號	光電閘 1 位置 x_1	光電閘 2 位置 x_2	距離 $s = x_2 - x_1$	速率 v_1	速率 v_2	加速度 a
Trial 1						
Trial 2						
Trial 3						
			平均值		**標準差**	
			百分誤差	$100\% \times (a - a_{th})/a_{th}$		

$m_1 =$ $m_2 =$

$F = m_1 g =$ $a_{th} = m_1 g/(m_1 + m_2) =$

序號	光電閘 1 位置 x_1	光電閘 2 位置 x_2	距離 $s = x_2 - x_1$	速率 v_1	速率 v_2	加速度 a
Trial 1						
Trial 2						
Trial 3						
			平均值		**標準差**	
			百分誤差	$100\% \times (a - a_{th})/a_{th}$		

$m_1 =$ $m_2 =$

$F = m_1 g =$ $a_{th} = m_1 g / (m_1 + m_2) =$

序號	光電閘 1 位置 x_1	光電閘 2 位置 x_2	距離 $s = x_2 - x_1$	速率 v_1	速率 v_2	加速度 a
Trial 1						
Trial 2						
Trial 3						
			平均值		標準差	
			百分誤差	$100\% \times (a - a_{th}) / a_{th}$		

$m_1 =$ $m_2 =$

$F = m_1 g =$ $a_{th} = m_1 g / (m_1 + m_2) =$

序號	光電閘 1 位置 x_1	光電閘 2 位置 x_2	距離 $s = x_2 - x_1$	速率 v_1	速率 v_2	加速度 a
Trial 1						
Trial 2						
Trial 3						
			平均值		標準差	
			百分誤差	$100\% \times (a - a_{th}) / a_{th}$		

$m_1 =$ $m_2 =$

$F = m_1 g =$ $a_{th} = m_1 g / (m_1 + m_2) =$

序號	光電閘 1 位置 x_1	光電閘 2 位置 x_2	距離 $s = x_2 - x_1$	速率 v_1	速率 v_2	加速度 a
Trial 1						
Trial 2						
Trial 3						

平均值		標準差	
百分誤差	$100\% \times (a - a_{th}) / a_{th}$		

$m_1 =$ $m_2 =$

$F = m_1 g =$ $a_{th} = m_1 g / (m_1 + m_2) =$

序號	光電閘 1 位置 x_1	光電閘 2 位置 x_2	距離 $s = x_2 - x_1$	速率 v_1	速率 v_2	加速度 a
Trial 1						
Trial 2						
Trial 3						

平均值		標準差	
百分誤差	$100\% \times (a - a_{th}) / a_{th}$		

(3) 利用兩道光電閘直接讀取平均加速度

$m_1 =$　　　　　　$m_2 =$

$F = m_1 g =$　　　　　　$a_{th} = m_1 g / (m_1 + m_2) =$

序號	滑車位置 x_0	光電閘 1 位置 x_1	光電閘 2 位置 x_2	加速度 a
Trial 1				
Trial 2				
Trial 3				
	平均值		**標準差**	
	百分誤差	$100\% \times (a - a_{th}) / a_{th}$		

$m_1 =$　　　　　　$m_2 =$

$F = m_1 g =$　　　　　　$a_{th} = m_1 g / (m_1 + m_2) =$

序號	滑車位置 x_0	光電閘 1 位置 x_1	光電閘 2 位置 x_2	加速度 a
Trial 1				
Trial 2				
Trial 3				
	平均值		**標準差**	
	百分誤差	$100\% \times (a - a_{th}) / a_{th}$		

$m_1 =$ $m_2 =$

$F = m_1 g =$ $a_{\text{th}} = m_1 g / (m_1 + m_2) =$

序號	滑車位置 x_0	光電閘 1 位置 x_1	光電閘 2 位置 x_2	加速度 a
Trial 1				
Trial 2				
Trial 3				
	平均值		標準差	
	百分誤差	$100\% \times (a - a_{\text{th}}) / a_{\text{th}}$		

$m_1 =$ $m_2 =$

$F = m_1 g =$ $a_{\text{th}} = m_1 g / (m_1 + m_2) =$

序號	滑車位置 x_0	光電閘 1 位置 x_1	光電閘 2 位置 x_2	加速度 a
Trial 1				
Trial 2				
Trial 3				
	平均值		標準差	
	百分誤差	$100\% \times (a - a_{\text{th}}) / a_{\text{th}}$		

$m_1 =$ $m_2 =$

$F = m_1 g =$ $a_{th} = m_1 g / (m_1 + m_2) =$

序號	滑車位置 x_0	光電閘 1 位置 x_1	光電閘 2 位置 x_2	加速度 a
Trial 1				
Trial 2				
Trial 3				
	平均值		標準差	
	百分誤差	$100\% \times (a - a_{th}) / a_{th}$		

$m_1 =$ $m_2 =$

$F = m_1 g =$ $a_{th} = m_1 g / (m_1 + m_2) =$

序號	滑車位置 x_0	光電閘 1 位置 x_1	光電閘 2 位置 x_2	加速度 a
Trial 1				
Trial 2				
Trial 3				
	平均值		標準差	
	百分誤差	$100\% \times (a - a_{th}) / a_{th}$		

$m_1 =$ $m_2 =$

$F = m_1 g =$ $a_{th} = m_1 g / (m_1 + m_2) =$

序號	滑車位置 x_0	光電閘 1 位置 x_1	光電閘 2 位置 x_2	加速度 a
Trial 1				
Trial 2				
Trial 3				
	平均值		標準差	
	百分誤差	$100\% \times (a - a_{th})/a_{th}$		

$m_1 =$ $m_2 =$

$F = m_1 g =$ $a_{th} = m_1 g / (m_1 + m_2) =$

序號	滑車位置 x_0	光電閘 1 位置 x_1	光電閘 2 位置 x_2	加速度 a
Trial 1				
Trial 2				
Trial 3				
	平均值		標準差	
	百分誤差	$100\% \times (a - a_{th})/a_{th}$		

$m_1 =$ $m_2 =$

$F = m_1 g =$ $a_{th} = m_1 g/(m_1 + m_2) =$

序號	滑車位置 x_0	光電閘1位置 x_1	光電閘2位置 x_2	加速度 a
Trial 1				
Trial 2				
Trial 3				

平均值		標準差	
百分誤差	$100\% \times (a - a_{th})/a_{th}$		

$m_1 =$ $m_2 =$

$F = m_1 g =$ $a_{th} = m_1 g/(m_1 + m_2) =$

序號	滑車位置 x_0	光電閘1位置 x_1	光電閘2位置 x_2	加速度 a
Trial 1				
Trial 2				
Trial 3				

平均值		標準差	
百分誤差	$100\% \times (a - a_{th})/a_{th}$		

$m_1 =$　　　　$m_2 =$

$F = m_1 g =$　　　　$a_{th} = m_1 g/(m_1 + m_2) =$

序號	滑車位置 x_0	光電閘 1 位置 x_1	光電閘 2 位置 x_2	加速度 a
Trial 1				
Trial 2				
Trial 3				
	平均值		標準差	
	百分誤差	$100\% \times (a - a_{th})/a_{th}$		

$m_1 =$　　　　$m_2 =$

$F = m_1 g =$　　　　$a_{th} = m_1 g/(m_1 + m_2) =$

序號	滑車位置 x_0	光電閘 1 位置 x_1	光電閘 2 位置 x_2	加速度 a
Trial 1				
Trial 2				
Trial 3				
	平均值		標準差	
	百分誤差	$100\% \times (a - a_{th})/a_{th}$		

(4) 利用一道光電閘直接讀取加速度

$m_1 =$ $m_2 =$

$F = m_1 g =$ $a_{th} = m_1 g / (m_1 + m_2) =$

序號	滑車起始位置 x_0	光電閘位置 x_1	加速度 a
Trial 1			
Trial 2			
Trial 3			
平均值		**標準差**	
	百分誤差	$100\% \times (a - a_{th}) / a_{th}$	

$m_1 =$ $m_2 =$

$F = m_1 g =$ $a_{th} = m_1 g / (m_1 + m_2) =$

序號	滑車起始位置 x_0	光電閘位置 x_1	加速度 a
Trial 1			
Trial 2			
Trial 3			
平均值		**標準差**	
	百分誤差	$100\% \times (a - a_{th}) / a_{th}$	

$m_1 =$ $m_2 =$

$F = m_1 g =$ $a_{th} = m_1 g / (m_1 + m_2) =$

序號	滑車起始位置 x_0	光電閘位置 x_1	加速度 a
Trial 1			
Trial 2			
Trial 3			
平均值		**標準差**	
	百分誤差	$100\% \times (a - a_{th}) / a_{th}$	

$m_1 =$ $m_2 =$

$F = m_1 g =$ $a_{th} = m_1 g / (m_1 + m_2) =$

序號	滑車起始位置 x_0	光電閘位置 x_1	加速度 a
Trial 1			
Trial 2			
Trial 3			
平均值		**標準差**	
	百分誤差	$100\% \times (a - a_{th}) / a_{th}$	

$m_1 =$ $m_2 =$

$F = m_1 g =$ $a_{th} = m_1 g / (m_1 + m_2) =$

序號	滑車起始位置 x_0	光電閘位置 x_1	加速度 a
Trial 1			
Trial 2			
Trial 3			
平均值		**標準差**	
	百分誤差	$100\% \times (a - a_{th}) / a_{th}$	

$m_1 =$ $m_2 =$

$F = m_1 g =$ $a_{th} = m_1 g / (m_1 + m_2) =$

序號	滑車起始位置 x_0	光電閘位置 x_1	加速度 a
Trial 1			
Trial 2			
Trial 3			
平均值		**標準差**	
	百分誤差	$100\% \times (a - a_{th}) / a_{th}$	

$m_1 =$　　　　　　　　$m_2 =$

$F = m_1 g =$　　　　　　$a_{th} = m_1 g / (m_1 + m_2) =$

序號	滑車起始位置 x_0	光電閘位置 x_1	加速度 a
Trial 1			
Trial 2			
Trial 3			
平均值		**標準差**	
	百分誤差	$100\% \times (a - a_{th}) / a_{th}$	

$m_1 =$　　　　　　　　$m_2 =$

$F = m_1 g =$　　　　　　$a_{th} = m_1 g / (m_1 + m_2) =$

序號	滑車起始位置 x_0	光電閘位置 x_1	加速度 a
Trial 1			
Trial 2			
Trial 3			
平均值		**標準差**	
	百分誤差	$100\% \times (a - a_{th}) / a_{th}$	

$m_1 =$ $m_2 =$

$F = m_1 g =$ $a_{th} = m_1 g / (m_1 + m_2) =$

序號	滑車起始位置 x_0	光電閘位置 x_1	加速度 a
Trial 1			
Trial 2			
Trial 3			
平均值		**標準差**	
	百分誤差	$100\% \times (a - a_{th}) / a_{th}$	

$m_1 =$ $m_2 =$

$F = m_1 g =$ $a_{th} = m_1 g / (m_1 + m_2) =$

序號	滑車起始位置 x_0	光電閘位置 x_1	加速度 a
Trial 1			
Trial 2			
Trial 3			
平均值		**標準差**	
	百分誤差	$100\% \times (a - a_{th}) / a_{th}$	

$m_1 =$ $m_2 =$

$F = m_1 g =$ $a_{\text{th}} = m_1 g/(m_1 + m_2) =$

序號	滑車起始位置 x_0	光電閘位置 x_1	加速度 a
Trial 1			
Trial 2			
Trial 3			
平均值		**標準差**	
	百分誤差	$100\% \times (a - a_{\text{th}})/a_{\text{th}}$	

$m_1 =$ $m_2 =$

$F = m_1 g =$ $a_{\text{th}} = m_1 g/(m_1 + m_2) =$

序號	滑車起始位置 x_0	光電閘位置 x_1	加速度 a
Trial 1			
Trial 2			
Trial 3			
平均值		**標準差**	
	百分誤差	$100\% \times (a - a_{\text{th}})/a_{\text{th}}$	

分析 1.

A. 質量固定 $M=$ 定值 數據整理總表

$m_1+m_2=$ 　　　　　　　　[cgs 或 SI 制]

受力 m_1g	加速度測量值 a	±加速度標準差	測定方法(1.2.3.4.)

$m_1+m_2=$ 　　　　　　　　[cgs 或 SI 制]

受力 m_1g	加速度測量值 a	±加速度標準差	測定方法(1.2.3.4.)

B. 施力固定 m_1 = 定值 數據整理總表

$m_1+m_2=$ [cgs 或 SI 制]

受力 m_1g	加速度測量值 a	±加速度標準差	測定方法(1.2.3.4.)

$m_1+m_2=$ [cgs 或 SI 制]

受力 m_1g	加速度測量值 a	±加速度標準差	測定方法(1.2.3.4.)

a [m/s^2]

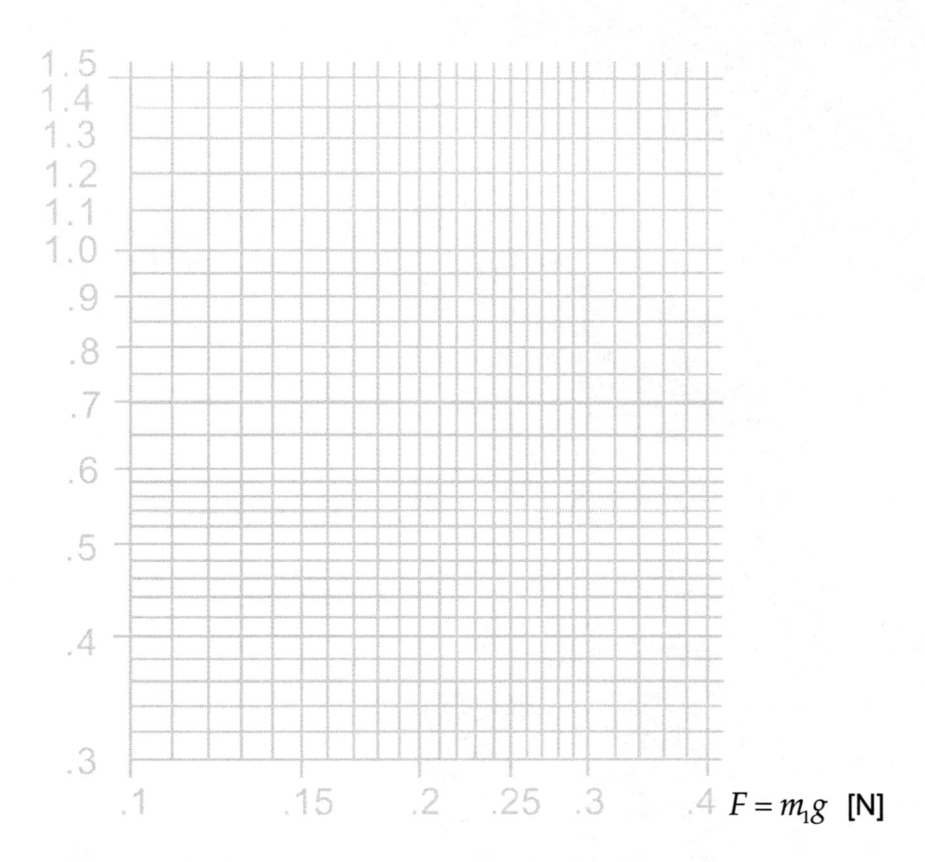

$F = m_1 g$ [N]

分析 2. $a = F^p M_{\text{fit}} = (m_1 g)^p M_{\text{fit}}$，求出 p 的値爲

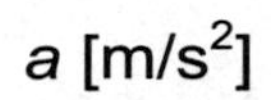

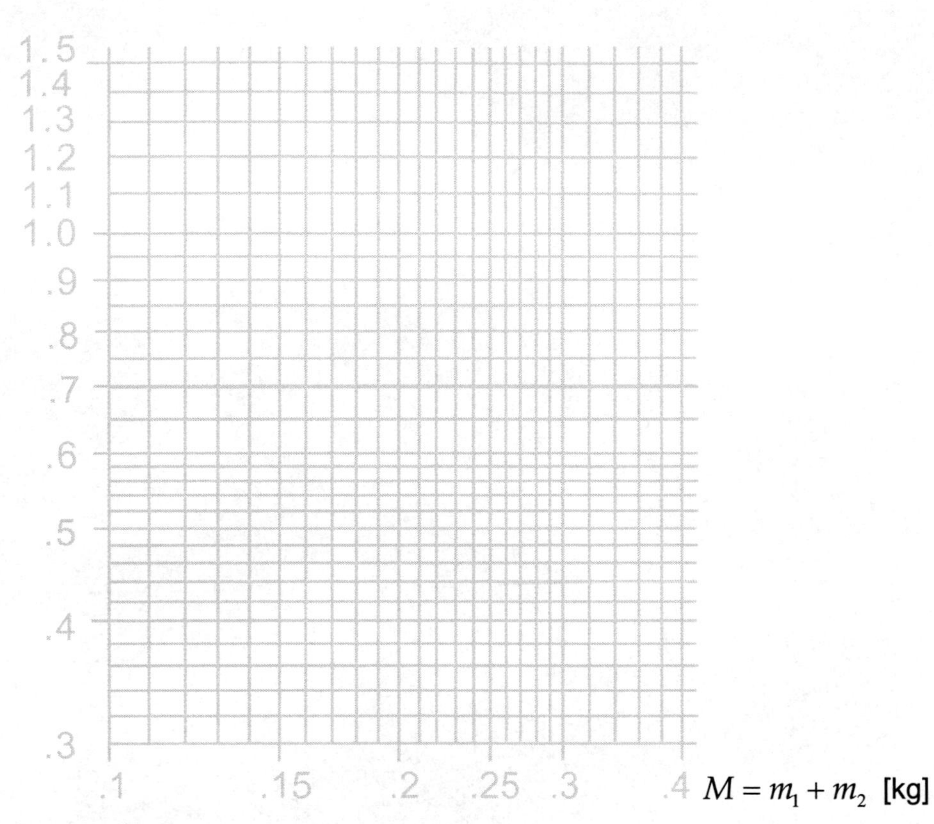

分析 3. $a = F_{\text{fit}} M^q = F_{\text{fit}} (m_1 + m_2)^q$，求出 q 的值為

a [m/s^2]

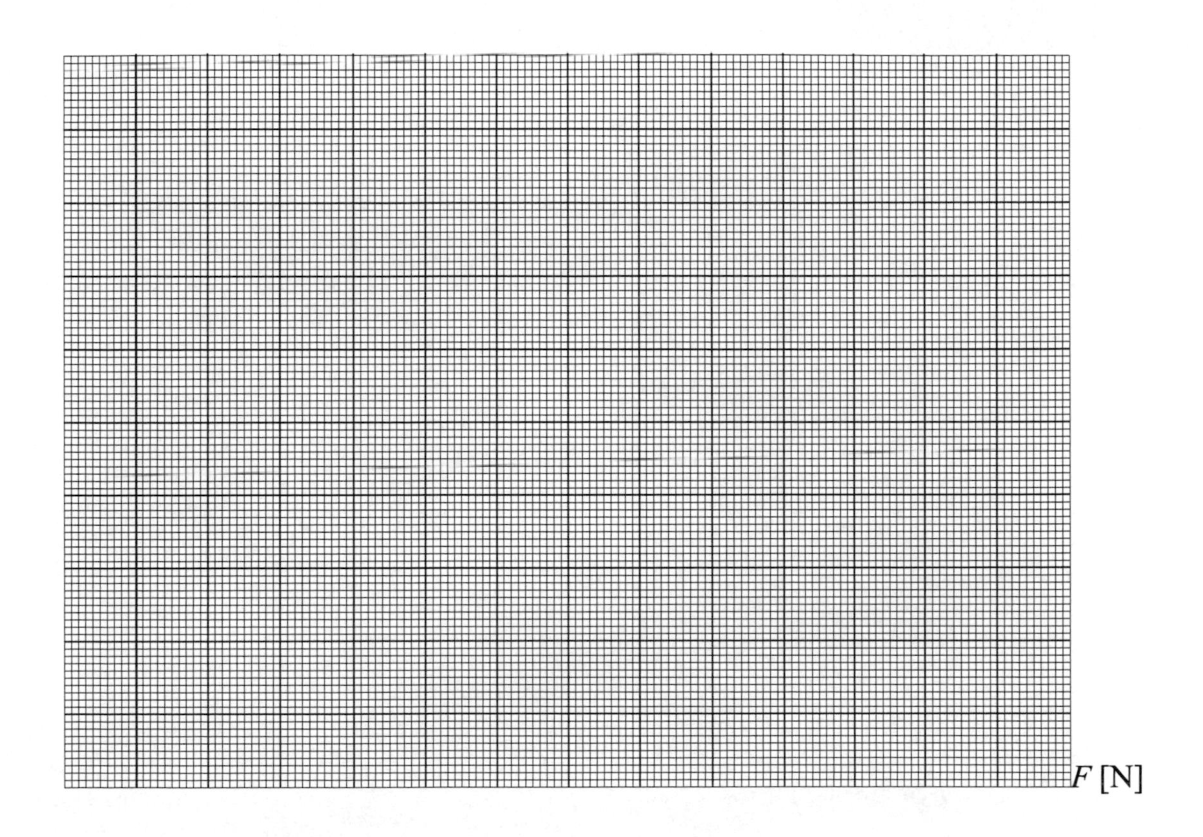

分析 4. $a = m_1 g / M_{\text{fit}} + a'$，求出 M_{fit} 的值爲

a'的值爲

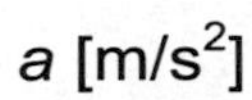

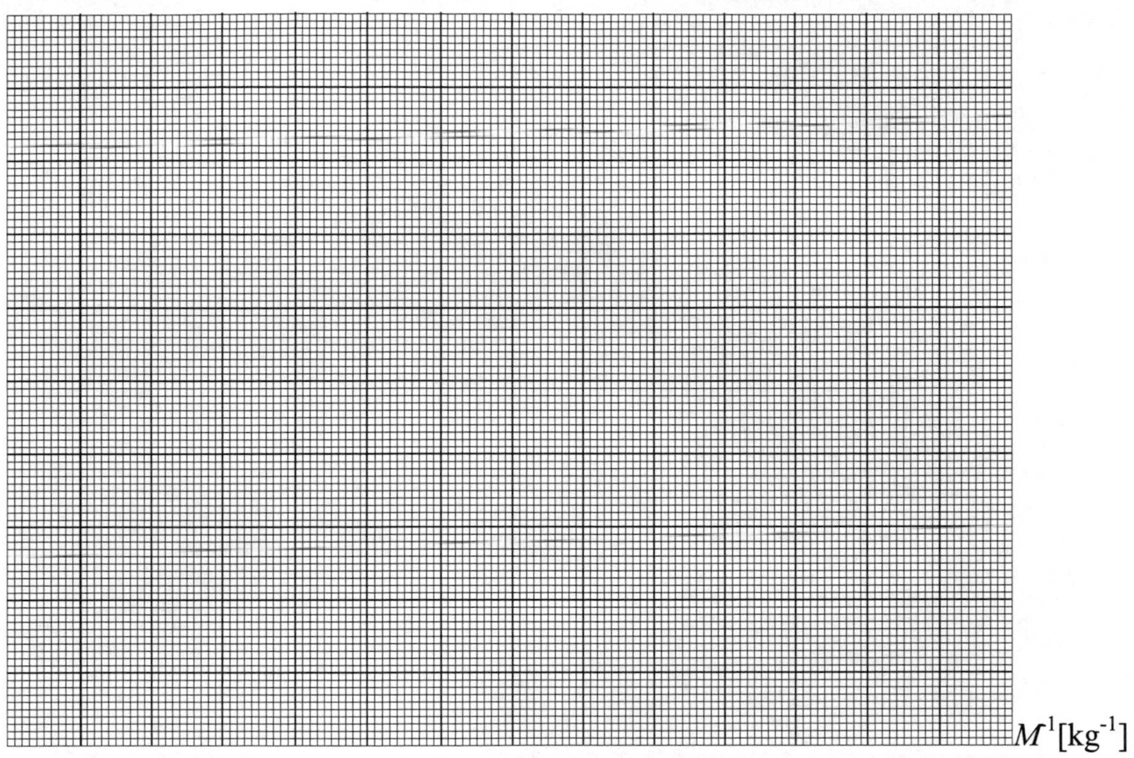

分析 5. $a = F_{\text{fit}}/(m_1 + m_2) + a'$，求出 F_{fit} 的値爲

a'的値爲

實驗 3.2 斜面運動

預習問題

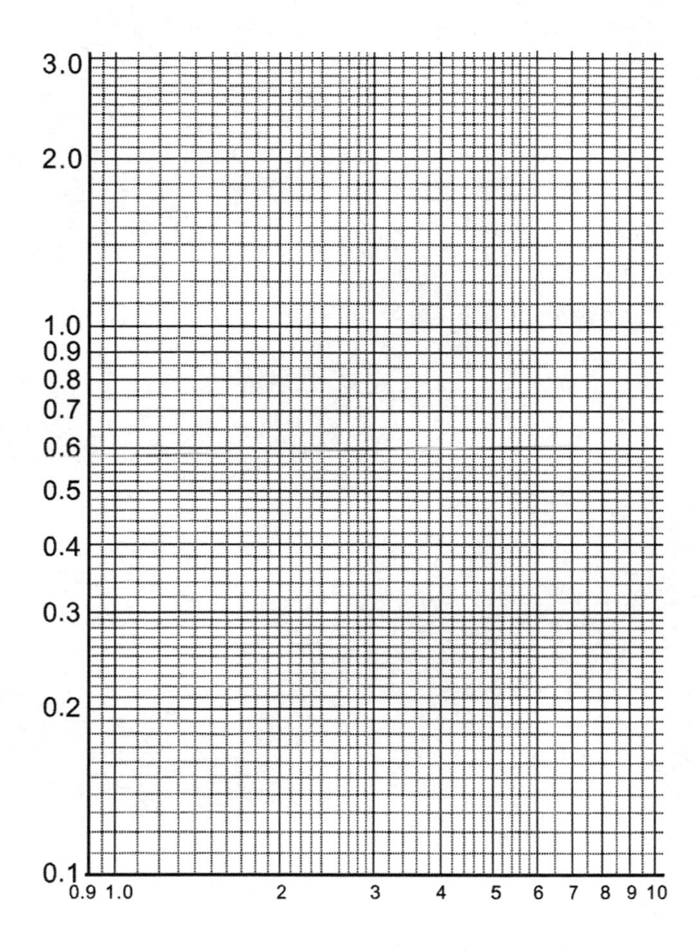

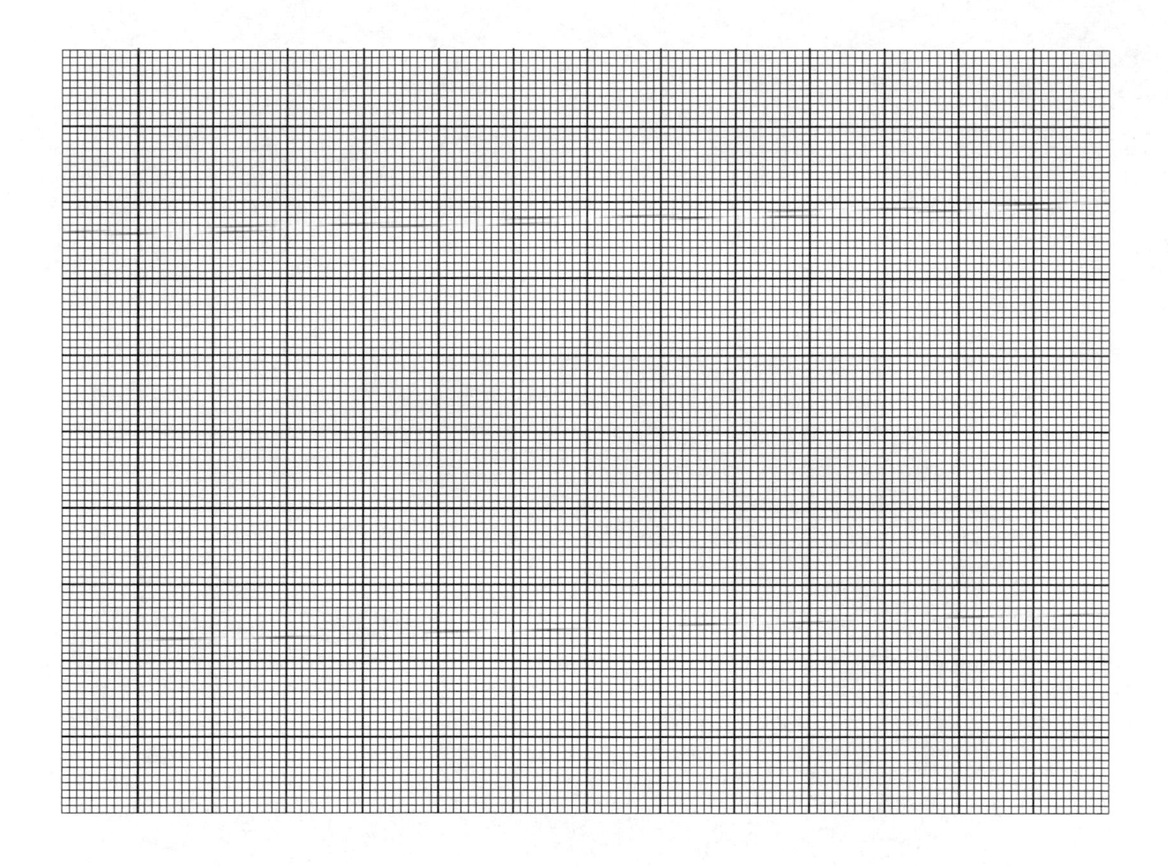

實驗 3.2 斜面運動(實驗數據)

等加速度運動

滑軌的傾斜度

	墊高 h	前後支架間的距離 d
Trial 1		
Trial 2		
Trial 3		
平均值		
標準差		

$\sin\theta = h / d =$

x_1										
x_0										
x										
截面通過Δt										
v_1 (trial 1)										
截面通過Δt										
v_1 (trial 2)										
截面通過Δt										
v_1 (trial 3)										
截面通過Δt										
v_1 ( )										
截面通過Δt										
v_1 ( )										
平均值 v_1										
標準差 σ_{v1}										
$t = 2x / v_1$										
t^2										

擬合斜率 $= a_{\text{fit}}/2 =$

$a_{\text{fit}} =$

$g_{\text{ex}} = a_{\text{fit}} d / h =$

百分誤差 $(g_{\text{ex}} - g_{\text{st}}) / g_{\text{st}} =$

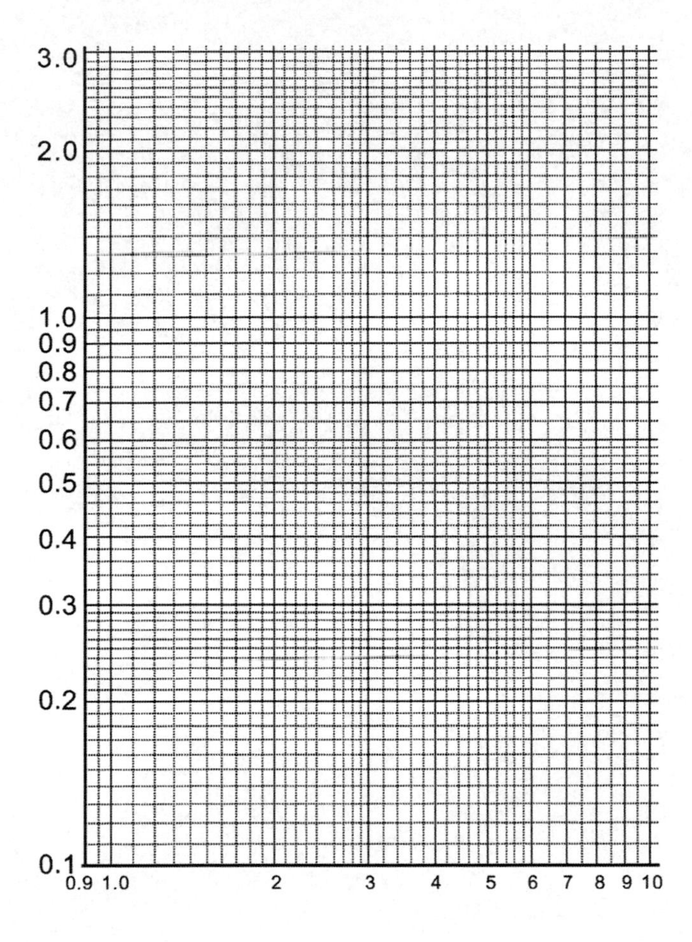
3.0
2.0
1.0
0.9
0.8
0.7
0.6
0.5
0.4
0.3
0.2
0.1
0.9 1.0
2
3
4
5
6
7
8
9
10

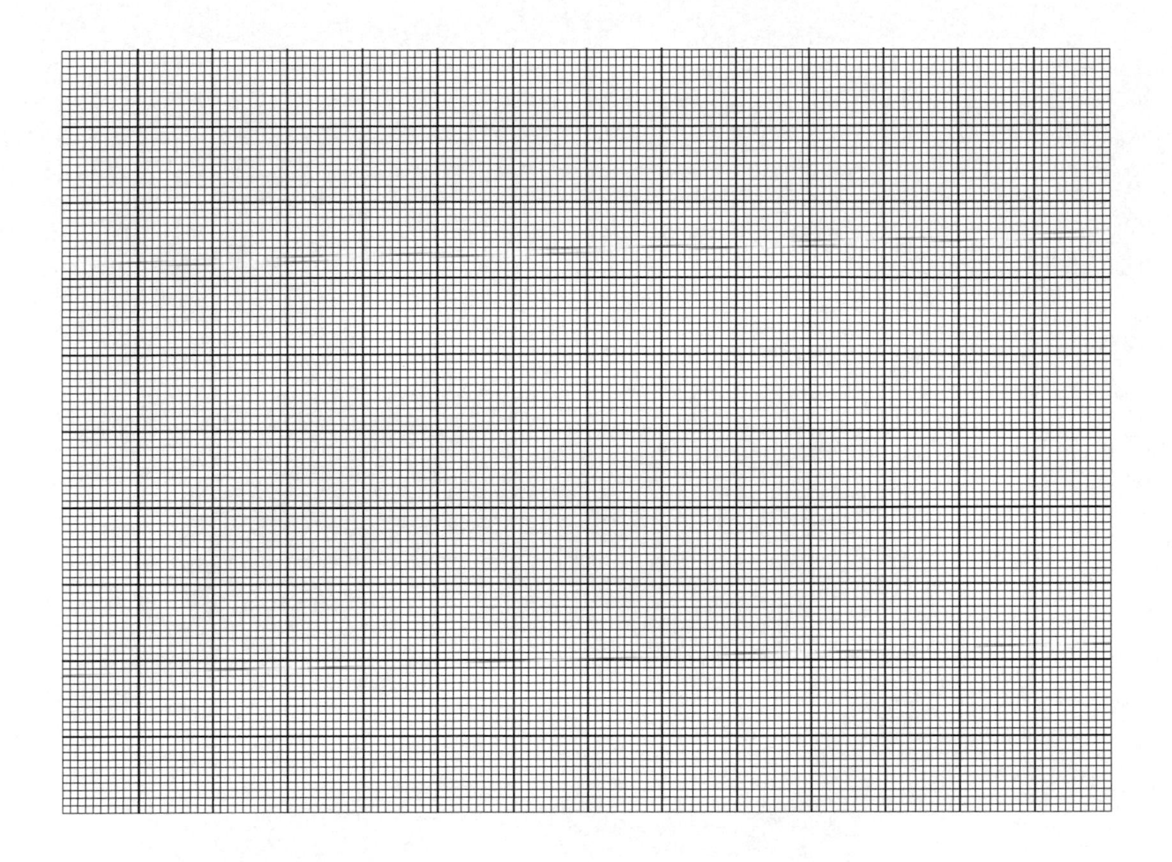

*受阻力的變加速度運動

滑車連載物質量 m=

x_0	x_1	換算後的 v_1 (cm/s)	a_1 (cm/s^2)	$b=\frac{m}{v_1}(g\sin\theta-a_1)$

實驗 3.3 碰撞

彈性碰撞實驗 $v_{2i}=0$

測定結果　　　　　　　　　　(單位系統: SI 或 cgs)

次數	滑車 1 的質量 m_1	滑車 2 的質量 m_2	滑車 1 的初速 v_{1i}	滑車 1 的終速 v_{1f}	滑車 2 的終速 v_{2f}	100%× $\frac{v_{1f}}{v_{1i}}\times\frac{m_1+m_2}{m_1-m_2}$	100%× $\frac{v_{2f}}{v_{1i}}\times\frac{m_1+m_2}{2m_1}$
Trial 1							
Trial 2							
Trial 3							

動量的分析

次數	碰撞前的動量 $p_i=p_{1i}$	碰撞後滑車 1 的動量 p_{1f}	碰撞後滑車 2 的動量 p_{2f}	碰撞後的總動量 $p_{1f}+p_{2f}$	保存率 100% $\times\frac{p_{1f}+p_{2f}}{p_{1i}}$
Trial 1					
Trial 2					
Trial 3					

能量的分析

次數	碰撞前的動能 $T_i = T_{1i}$	碰撞後滑車 1 的動能T_{1f}	碰撞後滑車 2 的動能T_{2f}	碰撞後的總動能$T_{1f} + T_{2f}$	保存率 100%× $\frac{T_{1f} + T_{2f}}{T_{1i}}$
Trial 1					
Trial 2					
Trial 3					

完全非彈性碰撞實驗 $v_{2i} = 0$

測定結果　　　　　　　　　　(單位系統: SI 或 cgs)

次數	滑車 1 的質量 m_1	滑車 2 的質量 m_2	滑車 1 的初速 v_{1i}	最終速度 $v_{1f} = v_{2f}$	100%× $\frac{v_f}{v_{1i}} \times \frac{m_1 + m_2}{m_1}$
Trial 1					
Trial 2					
Trial 3					

動量的分析

次數	碰撞前滑車 1 的動量 p_{1i}	碰撞後的總動量 p_f	保存率 100%× $\frac{p_{1f} + p_{2f}}{p_{1i}}$
Trial 1			
Trial 2			
Trial 3			

能量的分析

次數	碰撞前滑車 1 的動能 T_{1i}	碰撞後的總動能 T_f	$100\% \times \frac{T_f}{T_{1i}} \times \frac{m_1 + m_2}{m_1}$
Trial 1			
Trial 2			
Trial 3			

實驗 3.4 力學振盪

A1. 週期與振幅的關係

平衡點刻度 x_{eq} = (cm) 滑車質量 m = (g)

起點 x_0										
振幅 A										
週期 T_0										

A2. 準週期與振幅的關係

平衡點刻度 x_{eq} = (cm) 滑車質量 m = (g)

加上阻力

起點 x_0										
最初振幅 A										
準週期 T_1										

未加阻力

起點 x_0										
振幅 A										
週期 T_0										

阻力係數 b =

B1. 力常數的計算

振幅 $A =$

質量 m						
週期 T_0						
T_0^2						

斜率 $4\pi^2/k$ = $k =$ (單位)

B2. 阻力常數的計算

最初振幅 $A =$

質量 m						
準週期 T_1						
週期 T_0						
b						

C. 能量守恆

若使用宇全光電計時器, 由遮斷時間換算爲速率.

平衡點刻度 $x_{eq} =$ (cm) 滑車質量 $m =$ (g) 一重標桿寬

起點 x_0										
振幅 A										
遮斷時間 t										
速率 v_{eq}										
$kA^2/2$										
$mv_{eq}/2$										

振幅 A =　　　　(cm)　$kA^2/2$=　　　　(　)　滑車質量 m =　　　　(g)

平衡點 x_{eq}										
光電閘 x										
遮斷時間 t										
速率 v										
$\frac{mv^2+kx^2}{2}$										

D. 阻力常數的計算

平衡點刻度 x_{eq} =　　　　(cm)　滑車質量 m =　　　　(g)

起點 x_0										
振幅 A										
速率 v_{eq}										
加速度 a_{eq}										
$b=ma_{eq}/v_{eq}$										

E. 能量的衰減

最初的振幅 A =　　　　(cm)　滑車質量 m =　　　　(g)

通過次數										
速率 v_{eq}										

實驗 4.1 靜力平衡

三力平衡

種類	大小 [ ]	方向角 ϕ_i	x 分量 [ ]	y 分量 [ ]
砝碼 $\vec{F}_1$				
拉力計 $\vec{F}_2$				
$\vec{F}_3$				
$\sum \vec{F}_i$				

注意: 向量相加後, 其大小及方向應由分量來推出.

	大小 [ ]	方向角 ϕ_i	x 分量 [ ]	y 分量 [ ]
$\vec{F}_1$				
$\vec{F}_2$				
$\vec{F}_3$				
$\sum \vec{F}_i$				

	大小 [ ]	方向角 ϕ_i	x 分量 [ ]	y 分量 [ ]
$\vec{F}_1$				
$\vec{F}_2$				
$\vec{F}_3$				
$\sum \vec{F}_i$				

四力平衡

	大小 [ ]	方向角 ϕ_i	x 分量 [ ]	y 分量 [ ]
$\vec{F}_1$				
$\vec{F}_2$				
$\vec{F}_3$				
$\vec{F}_4$				
$\sum \vec{F}_i$				

	大小 [ ]	方向角 ϕ_i	x 分量 [ ]	y 分量 [ ]
$\vec{F}_1$				
$\vec{F}_2$				
$\vec{F}_3$				
$\vec{F}_4$				
$\sum \vec{F}_i$				

	大小 [ ]	方向角 ϕ_i	x 分量 [ ]	y 分量 [ ]
$\vec{F}_1$				
$\vec{F}_2$				
$\vec{F}_3$				
$\vec{F}_4$				
$\sum \vec{F}_i$				

力矩與力平衡

	力平衡				力矩平衡		
種類	F_i [ ]	方向角ϕ_i	$F_i \cos\phi_i$ [ ]	$F_i \sin\phi_i$ [ ]	r_i [ ]	夾角θ_i	$\tau_i = F_i r_i \sin\theta_i$
桿子$\vec{\tau_1}$							
$\vec{\tau_2}$							
$\vec{\tau_3}$							
$\vec{\tau_4}$							
$\vec{\tau_5}$							
$\vec{\tau_6}$							
$\sum\vec{\tau_i}$							

	力平衡				力矩平衡		
種類	F_i [ ]	方向角ϕ_i	$F_i \cos\phi_i$ [ ]	$F_i \sin\phi_i$ [ ]	r_i [ ]	夾角θ_i	$\tau_i = F_i r_i \sin\theta_i$
桿子$\vec{\tau_1}$							
$\vec{\tau_2}$							
$\vec{\tau_3}$							
$\vec{\tau_4}$							
$\vec{\tau_5}$							
$\vec{\tau_6}$							
$\sum\vec{\tau_i}$							

力矩與力平衡

	力平衡				力矩平衡		
種類	F_i [ ]	方向角 ϕ_i	$F_i \cos\phi_i$ [ ]	$F_i \sin\phi_i$ [ ]	r_i [ ]	夾角 θ_i	$\tau_i = F_i r_i \sin\theta_i$
桿子 τ_1							
τ_2							
τ_3							
τ_4							
τ_5							
τ_6							
$\sum\tau_i$							

	力平衡				力矩平衡		
種類	F_i [ ]	方向角 ϕ_i	$F_i \cos\phi_i$ [ ]	$F_i \sin\phi_i$ [ ]	r_i [ ]	夾角 θ_i	$\tau_i = F_i r_i \sin\theta_i$
桿子 τ_1							
τ_2							
τ_3							
τ_4							
τ_5							
τ_6							
$\sum\tau_i$							

實驗 4.4 轉動慣量

A. 原始數據及轉動慣量理論值的計算　　　　（SI 或 cgs 制）

物體	質量 M	尺寸		轉動慣量 I_{rh}
圓盤		圓周 $2\pi R$		
圓環		內圓周 $2\pi R_1$		
		外圓周 $2\pi R_2$		
圓柱橫放		長度 L		
		圓周 $2\pi R$		

旋轉臺腰部圓筒直徑 $2r=$

B. 摩擦質量修正項

物體	摩擦質量 m_f	摩擦力矩 $\tau_f = rm_f g$
旋轉臺 m_{fA}		
旋轉臺+圓盤 m_{fA+D}		
旋轉臺+圓環 m_{fA+R}		
旋轉臺+圓柱橫放 m_{fA+C}		

C. 旋轉臺之轉動慣量 I_A

使用 Smart Timer 者免

序號	下墜物質量 m	起點至光電閘 s_1	起點至光電閘 s_2	時間差Δt	加速度 a	力矩 $\tau = rmg$	角加速度 $\alpha = a/r$
Trial 1							
Trial 2							
Trial 3							
Trial 4							
Trial 5							
Trial 6							
Trial 7							
Trial 8							
Trial 9							
Trial 10							

斜率 $I_A =$

截距 $\tau_{fA} =$

D. 旋轉臺加圓盤之轉動慣量 I_{A+D}

使用 Smart Timer 者免（起點至光電閘 s_1、起點至光電閘 s_2、時間差 Δt）

序號	下墜物質量 m	起點至光電閘 s_1	起點至光電閘 s_2	時間差 Δt	加速度 a	力矩 $\tau = rmg$	角加速度 $\alpha = a/r$
Trial 1							
Trial 2							
Trial 3							
Trial 4							
Trial 5							
Trial 6							
Trial 7							
Trial 8							
Trial 9							
Trial 10							

斜率 $I_{A+D} =$

截距 $\tau_{f\,A+D} =$

E. 旋轉臺加圓環之轉動慣量 I_{A+R}

使用 Smart Timer 者免

序號	下墜物質量 m	起點至光電閘 s_1	起點至光電閘 s_2	時間差Δt	加速度 a	力矩 $\tau = rmg$	角加速度 $\alpha = a/r$
Trial 1							
Trial 2							
Trial 3							
Trial 4							
Trial 5							
Trial 6							
Trial 7							
Trial 8							
Trial 9							
Trial 10							

斜率 $I_{A+D} =$

截距 $\tau_{f\,A+D} =$

F. 旋轉臺加橫放圓柱之轉動慣量 I_{A+C}

使用 Smart Timer 者免（起點至光電閘 s_1、起點至光電閘 s_2、時間差 Δt）

序號	下墜物質量 m	起點至光電閘 s_1	起點至光電閘 s_2	時間差 Δt	加速度 a	力矩 $\tau = rmg$	角加速度 $\alpha = a/r$
Trial 1							
Trial 2							
Trial 3							
Trial 4							
Trial 5							
Trial 6							
Trial 7							
Trial 8							
Trial 9							
Trial 10							

斜率 $I_{A+C}=$

截距 $\tau_{f\,A+C}=$

G. 結果總表

轉動慣量	理論值 I_{th}	實驗值 I_{ex}	誤差百分比(%) $(I_{ex}-I_{th})/I_{th}$
圓盤 $I_D=I_{A+D}-I_A$			
圓環 $I_R=I_{A+R}-I_R$			
橫放圓柱 $I_C=I_{A+C}-I_A$			

實驗 4.7　Young 氏係數

Young 氏係數

Ewing 的 Young 氏係數測定實驗 (使用光槓桿) 材質：　　　　　[cgs 單位]

	支點間 l	棒厚 b	棒寬 a	c_1	c_2	槓桿長 c	鏡尺間 L
Trial 1							
Trial 2							
Trial 3							
Trial 4							
Trial 5							
平均值							

	荷重 m	h (遞增)	h (遞減)	h (平均)	相減	Δh
Trial (1)						
Trial (2)					(4) – (2)	
Trial (3)					(5) – (3)	
Trial (4)					(6) – (4)	
Trial (5)						**平均**
Trial (6)						

間隔 M = 600. [g]

$$e = \frac{c\,\Delta h}{2L}$$ [cm]

$$E = \frac{Mgl^3}{4ab^3e}$$ [dyn/cm^2]

Ewing 的 Young 氏係數測定實驗 (使用光槓桿) 材質： [cgs 單位]

	支點間 l	棒厚 b	棒寬 a	c_1	c_2	槓桿長 c	鏡尺間 L
Trial 1							
Trial 2							
Trial 3							
Trial 4							
Trial 5							
平均值							

	荷重 m	h (遞增)	h (遞減)	h (平均)	相減	Δh
Trial (1)						
Trial (2)					(3) – (1)	
Trial (3)					(4) – (2)	
Trial (4)					(5) – (3)	
Trial (5)					(6) – (4)	
Trial (6)					**平均**	

間隔 M = [g]

$e=\dfrac{c\,\Delta h}{2L}$ = [cm]

$E=\dfrac{Mgl^3}{4ab^3e}$ = [dyn/cm^2]

Ewing 的 Young 氏係數測定實驗 (使用光槓桿) 材質： [cgs 單位]

	支點間 l	棒厚 b	棒寬 a	c_1	c_2	槓桿長 c	鏡尺間 L
Trial 1							
Trial 2							
Trial 3							
Trial 4							
Trial 5							
平均值							

	荷重 m	h (遞增)	h (遞減)	h (平均)	相減	Δh
Trial (1)						
Trial (2)					(3) – (1)	
Trial (3)					(4) – (2)	
Trial (4)					(5) – (3)	
Trial (5)					(6) – (4)	
Trial (6)					**平均**	

間隔 M = [g]

$e = \dfrac{c\ \Delta h}{2L} =$ [cm]

$E = \dfrac{Mgl^3}{4ab^3e} =$ [dyn/cm^2]

實驗 4.9 弦振盪

音叉的方向：開口平行細線及稱盤

線的種類

線長 $L=$

線質量 $m=$

線密度 $\mu=m/L=$

掛鉤質量 $M_0=$

[cgs 或 SI]

砝碼質量 M						
張力 $F=(M+M_0)g$						
音叉位置 x_0						
節點位置 x_1						
節點位置 x_2						
節點位置 x_3						
節點位置 x_4						
節點位置 x_5						
節點位置 x_6						
波腹的個數 n						
n 節間的弦長 l						
平均波長 $\lambda=2l/n$						
速度 $\sqrt{F/\mu}$						
頻率 $f_{//}=\frac{1}{\lambda}\sqrt{\frac{F}{\mu}}$						

音叉的方向：開口平行細線及稱盤

線的種類

線長 $L=$

線質量 $m=$

線密度 $\mu = m/L=$

掛鉤質量 M_0=

[cgs 或 SI]

砝碼質量 M						
張力 $F=(M+M_0)g$						
音叉位置 x_0						
節點位置 x_1						
節點位置 x_2						
節點位置 x_3						
節點位置 x_4						
節點位置 x_5						
節點位置 x_6						
波腹的個數 n						
n 節間的弦長 l						
平均波長 $\lambda = 2l/n$						
速度 $\sqrt{F/\mu}$						
頻率 $f_{//}=\frac{1}{\lambda}\sqrt{\frac{F}{\mu}}$						

音叉的方向：開口垂直細線及稱盤

線的種類

線長 $L =$

線質量 $m =$

線密度 $\mu = m / L =$

掛鉤質量 M_0=

[cgs 或 SI]

砝碼質量 M						
張力 $F = (M+M_0)g$						
音叉位置 x_0						
節點位置 x_1						
節點位置 x_2						
節點位置 x_3						
節點位置 x_4						
節點位置 x_5						
節點位置 x_6						
波腹的個數 n						
n 節間的弦長 l						
平均波長 $\lambda = 2l/n$						
速度 $\sqrt{F / \mu}$						
頻率 $f_{//} = \frac{1}{\lambda}\sqrt{\frac{F}{\mu}}$						

音叉的方向：開口垂直細線及稱盤

線的種類

線長 $L=$

線質量 $m=$

線密度 $\mu = m/L =$

掛鉤質量 M_0=

[cgs 或 SI]

砝碼質量 M						
張力 $F=(M+M_0)g$						
音叉位置 x_0						
節點位置 x_1						
節點位置 x_2						
節點位置 x_3						
節點位置 x_4						
節點位置 x_5						
節點位置 x_6						
波腹的個數 n						
n 節間的弦長 l						
平均波長 $\lambda = 2l/n$						
速度 $\sqrt{F/\mu}$						
頻率 $f_{//} = \frac{1}{\lambda}\sqrt{\frac{F}{\mu}}$						

揚聲器

線的種類

線長 $L=$

線質量 $m=$

線密度 $\mu=m/L=$

掛鉤質量 M_0=

旋扭上 f 的標記值 [cgs 或 SI]

砝碼質量 M						
張力 $F=(M+M_0)g$						
音叉位置 x_0						
節點位置 x_1						
節點位置 x_2						
節點位置 x_3						
節點位置 x_4						
節點位置 x_5						
節點位置 x_6						
波腹的個數 n						
n 節間的弦長 l						
平均波長 $\lambda=2l/n$						
速度 $\sqrt{F/\mu}$						
頻率 $f_{//}=\frac{1}{\lambda}\sqrt{\frac{F}{\mu}}$						

揚聲器

線的種類

線長 $L=$

線質量 $m=$

線密度 $\mu=m/L=$

掛鉤質量 M_0=

旋扭上 f 的標記值 [cgs 或 SI]

砝碼質量 M						
張力 $F=(M+M_0)g$						
音叉位置 x_0						
節點位置 x_1						
節點位置 x_2						
節點位置 x_3						
節點位置 x_4						
節點位置 x_5						
節點位置 x_6						
波腹的個數 n						
n 節間的弦長 l						
平均波長 $\lambda=2l/n$						
速度 $\sqrt{F/\mu}$						
頻率 $f_{//}=\frac{1}{\lambda}\sqrt{\frac{F}{\mu}}$						

實驗 5.1 熱功當量

A. 加溫過程

溫度 T [°C]										
時間 t [s]										
電壓 V[V]										
電流 I[A]										
溫度 T [°C]										
時間 t [s]										
電壓 V[V]										
電流 I[A]										

B. 輻射過程

溫度 T [°C]										
時間 t [s]										
電壓 V[V]										
電流 I[A]										
溫度 T [°C]										
時間 t [s]										
電壓 V[V]										
電流 I[A]										

C.平均冷卻率(作圖)

r_B	
r_A	
r	
T_F	

D. 熱功當量分析

次數	卡計系統水當量 C	水重 M	初溫 T_0	修正後終溫 T_F	電壓 V	電流 I	時間 t	熱功當量 J
1								
2								

平均值＿＿＿＿＿＿＿＿

實驗 5.3 膨脹係數

A. 銅棒

次　數	百分表加熱前讀數 公釐+百分表		百分表加熱後讀數 公釐+百分表		
1					
2					
3					
4					
5					
平　均					$\Delta L =$

T_1	T_2	ΔT	L	ΔL	α

B. 鋁棒

次　數	百分表加熱前讀數 公釐+百分表		百分表加熱後讀數 公釐+百分表		
1					
2					
3					
4					
5					
平　均					$\Delta L =$

T_1	T_2	ΔT	L	ΔL	α

C. 不鏽鋼棒

次　數	百分表加熱前讀數 公釐+百分表		百分表加熱後讀數 公釐+百分表		
1					
2					
3					
4					
5					
平　均					$\Delta L =$

T_1	T_2	ΔT	L	ΔL	α

實驗 6.1 三用電表

A. Ohm 定律

電阻器標定電阻值：　　　　　出歐姆計所測得電阻值；

直流電測定

Trial	1	2	3	4	5	6	7	8	9	10
電壓(V)										
電流										

$R_{\mathrm{fit}}=$

交流電測定　頻率：

Trial	1	2	3	4	5	6	7	8	9	10
電壓(V)										
電流										

$R'_{\mathrm{fit}}=$

B. 電阻的串聯與並聯（Ω）

R_1	R_2	R_3	R_4	$R_1+R_2+\ldots$	串聯總電阻	誤差百分比	$(R_1^{-1}+R_2^{-1}+\ldots)^{-1}$	並聯總電阻	誤差百分比

C. 週期訊號的實效電壓 (V)

Trial	方波 rms(V_{Π})	正弦波 rms(V_S)	$\frac{\text{rms}(V_S)}{\text{rms}(V_{\Pi})}$	三角波 rms(V_{Λ})	$\frac{\text{rms}(V_{\Lambda})}{\text{rms}(V_{\Pi})}$
1					
2					
3					
4					
5					
		平均		平均	

實驗 6.2 Kirchhoff 定律

A. 單電源電路

Trial	電源	電阻			電位差			電位差計算值		
	E_1	R_1	R_2	R_3	V_1	V_2	V_3	V_1'	V_2'	V_3'
1										
2										
3										
4										
5										
6										
7										
8										
9										

B. 雙電源電路

Trial	電源		電阻			電位差			電位差計算值		
	E_1	E_2	R_1	R_2	R_3	V_1	V_2	V_3	V_1'	V_2'	V_3'
1											
2											
3											
4											
5											
6											
7											
8											
9											

實驗 6.5 電容的充放電

A. 電容的充放電：文字記錄

B. 時間常數的測定

電源電壓 E =　　　　　　　　　　電阻 R =

電容 C 的標定值 =　　　　　　　　時間常數理論值 RC =

時間 t	電壓 V					$\ln(E/V)$
	Trial 1	Trial 2	Trial 3	平均值	標準差	

斜率 =　　　　　　RC 實驗值 =　　　　　　百分誤差 =

*也可以針對某一特定電壓進行讀秒；此時修改上方表格。

C. 電容的串聯與並聯

串聯的電容：

電源電壓 $E=$ 電阻 $R=$

串聯電容 C 的理論值 = 時間常數理論值 $RC=$

時間 t	電壓 V					$\ln(E/V)$
	Trial 1	Trial 2	Trial 3	平均值	標準差	

斜率 = 斜率的倒數 $RC=$ 電容實驗值 $C=$

並聯的電容：

電源電壓 $E=$　　　　電阻 $R=$

並聯電容 C 的理論值 =　　　　時間常數理論值 $RC=$

時間 t	電壓 V					$\ln(E/V)$
	Trial 1	Trial 2	Trial 3	平均值	標準差	

斜率 =　　　　斜率的倒數 $RC=$　　　　電容實驗值 $C=$

結論

C_1	C_2	C_3	C_4	C_1+C_2 +...	並聯總電容	誤差百分比	$(C_1^{-1}+C_2^{-1}$ $+...)^{-1}$	串聯總電容	誤差百分比

實驗 6.6 交流電路

A. 交流 LR 電路

標定值 $L =$ (H), $R =$ (Ω)

頻率 f (Hz)					
R (Ω)					
V (V)					
V_{ind} (V)					
V_R (V)					
ω (rad/s)					
$\cos\phi$					
ϕ (deg)					
V_L					
V_r					
ωL (Ω)					
r (Ω)					
L (H)					

測定值 $L =$ ± (H) $r =$ ± (Ω)

B. 交流 RC 電路

標定值 $C =$ (F), $R =$ (Ω)

頻率 f (Hz)					
R (Ω)					
V (V)					
V_C (V)					
V_R (V)					
ω (rad/s)					
$\tan\phi$					
ϕ (deg)					
$C=V_R/(\omega R V_C)$					
$V_{th}=\sqrt{V_R^2+V_C^2}$					
$100\%(V-V_{th})/V_{th}$					

測定值 $C =$ ± (F)

C. 交流 LCR 電路

A.的結果 $L =$ (H), $r =$ (Ω)

頻率 f (Hz)					
R (Ω)					
V (V)					
V_{ind} (V)					
V_{C} (V)					
V_{R} (V)					
ω (rad/s)					
V_{L} (V)					
V_{r} (V)					
$V_L - V_C$					
$V_R + V_r$					
$V_{\mathrm{th}}=\sqrt{(V_L-V_C)^2+(V_R+V_r)^2}$					
$100\%(V-V_{\mathrm{th}})/V_{\mathrm{th}}$					

實驗 6.7 Wheatstone 電橋

A. 直流電橋

Trial	R_1 (　　)	R_2 (　　)	L_{JB} (　　)	L_{BK} (　　)	$100\%(\frac{R_2 L_{JB}}{R_1 L_{BK}}-1)$
1					
2					
3					

B. 交流電橋

Trial	交流頻率 (　Hz)	L_{JB} (　　)	L_{BK} (　　)	C_1標定值 (　　)	C_2標定值 (　　)	$100\%(\frac{C_1 L_{JB}}{C_2 L_{BK}}-1)$
1						
2						
3						

實驗 6.8 電位，電場，等位線與電力線

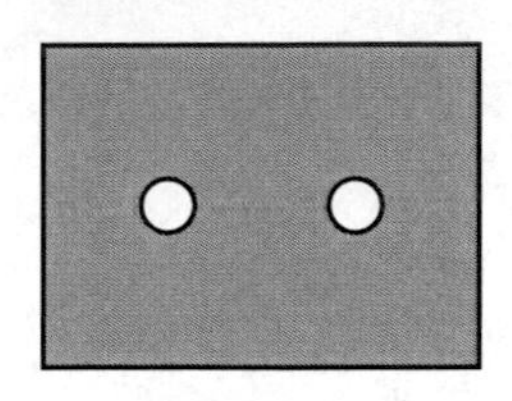

點電極畫板上的電位與電場強度

電位 V [V]	x 座標 [m]	(相鄰兩點相減)		平均電場$\langle E \rangle$
		電位差ΔV [V]	Δx [m]	$= \Delta V/\Delta x$ [V/m]

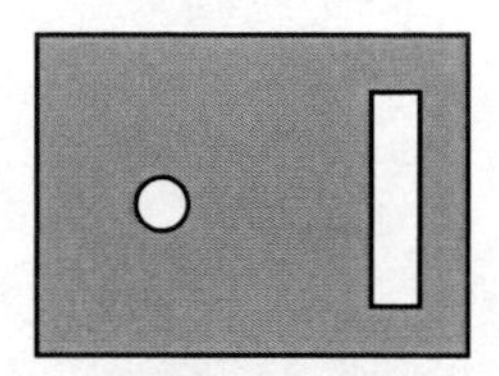

點電極與線電極畫板上的電位與電場強度

電位 V [V]	x 座標 [m]	(相鄰兩點相減)		平均電場<E>
		電位差 ΔV [V]	Δx [m]	$=\Delta V/\Delta x$ [V/m]

平行線電極畫板上的電位與電場強度

電位 V [V]	x 座標 [m]	(相鄰兩點相減)		平均電場 $\langle E \rangle$
		電位差 ΔV [V]	Δx [m]	$= \Delta V/\Delta x$ [V/m]

實驗 7.1 示波器的使用

前置作業：在所有的實驗開始之前，先調整到 X-Y 模式上（某些固緯製造的示波器是將時基旋鈕 time/div.轉到最左端），並且把 CHX（即 CH1 或 CHA）與 CHY（即 CH2 或 CHB）扳手切換到 GND.（<ground；接地）處，此時應只有 1 個亮點。轉不出亮點的同學請找教學群協助。設法將亮點用 intensity 旋鈕調到適當的亮度，並且用 focus 旋鈕調整聚焦，使亮點儘可能最小。其次改調整到時基掃描模式，CH1 與 CH2 保持在 GND 上，時基掃描向右轉至 1 ms/div.以下時距的中高靈敏度，使畫面出現 1 條或 2 條水平直線。如果直線與水平有傾斜，可用一字螺絲調整地磁校正旋鈕，直到直線旋轉到水平的位置上。沒有一字螺絲請立即向教學群反應。

開始測定前，將 CH1（即 CHX）與 CH2（即 CHY）扳手從 GND 切回 AC 或 DC 處。

A. 放大器靈敏度

剛開始練習本功能時，可以不需用訊號產生器，先直接利用示波器開關附近提供的方波校準訊號，以 X-Y 模式觀察。此時應該會出現 2 個亮點。輸入到 CHX 時是水平左右的 2 個亮點，輸入到 CHY 時是鉛直上下的 2 個亮點。要正確讀取 $V_{p\text{-}p}$ 的值，記得先分別把 2 個放大器靈敏度二重旋鈕中心的 cal.（<calibration; 校正）向右轉到底。

A1. 水平放大器靈敏度（CH1[X]的 volts/div.二重旋鈕）

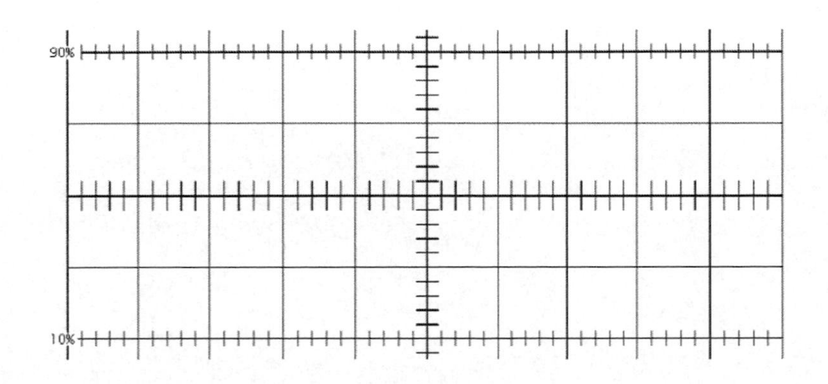

CHX volts/div.（建議將 CH1[X]將 volts/div.旋鈕轉到 0.2 或 0.5 volts/div.處）
=

橫軸上 2 個亮點間距離換算成大格子數 divs.（每小格是 0.2 大格）=

$V_{p\text{-}p}$ 測定值（即上述 2 個物理量相乘的結果。如果與 2 volts 相差很多，請立即向教學群反應）：

A2. 鉛直放大器靈敏度（CH2[Y]的 volts/div. 二重旋鈕）

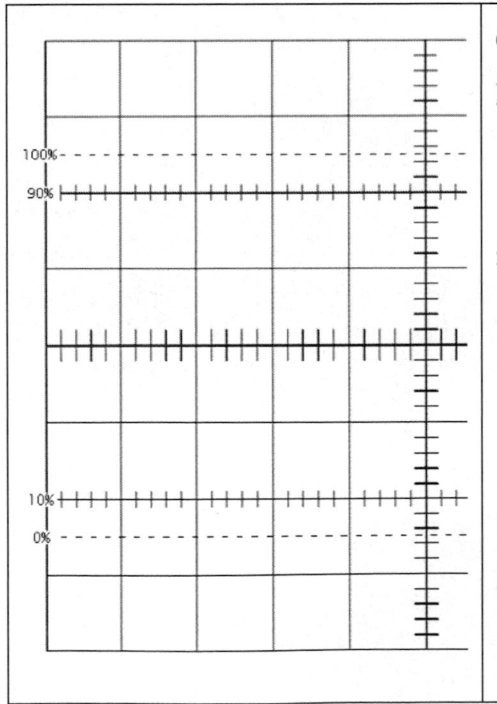

CHY volts/div.（建議將 CH2[Y]外圍 volts/div. 旋鈕轉到 0.5 volts/div.處）=

縱軸上 2 個亮點間距離換算成大格子數 divs.（每小格是 0.2 大格）=

$V_{p\text{-}p}$ 測定值（即上述 2 個物理量相乘的結果。如果與 2 volts 相差很多，請立即向教學群反應）：

B. 時基靈敏度（time/div.旋鈕）

剛開始練習本功能時，可以不需用訊號產生器，先直接利用示波器開關附近提供的方波校準訊號，以時基掃描模式觀察。此時應該會出現像城牆形狀⊓⊔⊓⊔⊓的方波圖形。要正確讀取時距的值，記得要先把時基靈敏度 time/div.旋鈕旁的 cal.小旋鈕向右轉到底。請留意有包含完整的峰與谷（如 ⊓⊔ 或 ⊔⊓ ）纔算 1 個完整的週期（1 kHz 的情形是 1 ms = 10^{-3}s），也就是說，半週期 Π 或 ∐ 在螢幕上的寬度應該對應於 0.5 ms。如果波形流動無法停止，則試將 trigger 的輸入（source）改成要觀察的端子（以下表格 B1 時是 CH1 或 CHA，表格 B2 時是 CH2 或 CHB），level 旋鈕轉到正中央。如果還是流動不停，則切至 GND，並用鉛直位置調整鈕（CH1 或 CH2 的 position）將直線調至與橫軸重疊處，再切換回 AC。如果仍然無法得到靜止方波圖形，請找教學群協助。

B1. 用 CH1（CHA）檢查鉛直放大器與時基靈敏度

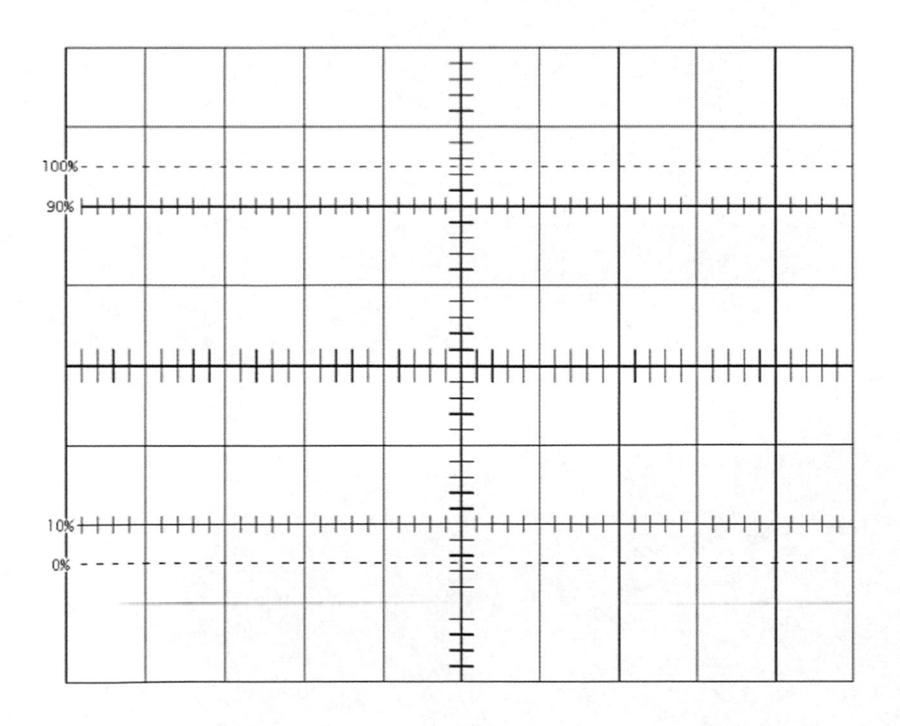

CH1 放大器靈敏度 volts/div.（建議將 CH1[X]外圍 volts/div.旋鈕轉到 0.5 volts/div.處）=

CH1 鉛直方向峰對谷大格子數 divs.=

$V_{p\text{-}p}$ 測定值（即上述 2 個物理量相乘的結果）：

時基靈敏度 time/div.指的數值（建議將時基靈敏度 time/div.旋鈕轉到 0.2 ms 處）=

週期大格子數 divs.（水平方向）=

週期測定值（即上述 2 個物理量相乘的結果。如果與 1 ms 相差很多，請立即向教學群反應）：

B2. 用 CH2（CHB）檢查鉛直放大器與時基靈敏度

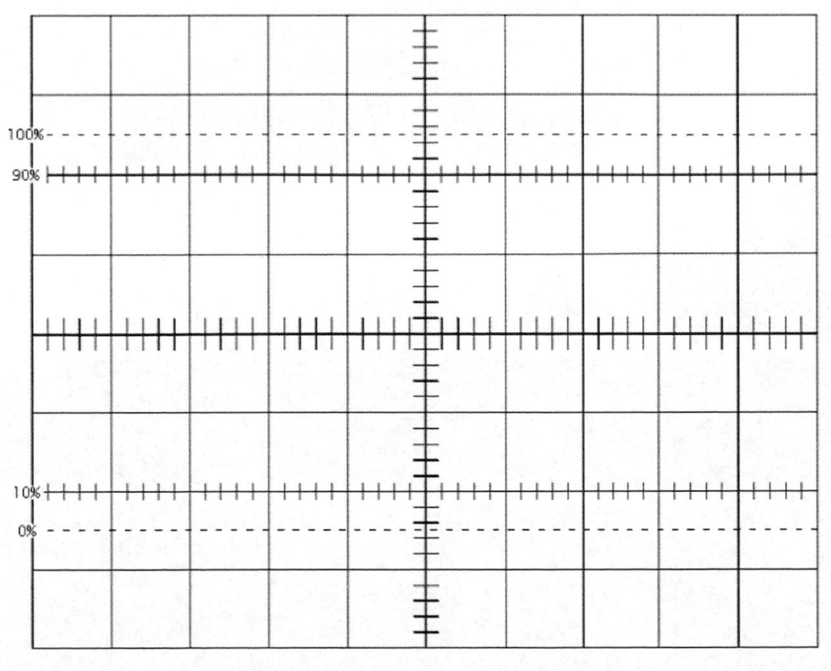

CH2 放大器靈敏度 volts/div. （建議將 CH2[Y]外圍 volts/div.旋鈕轉到 0.5 volts/div.處）=

CH2 鉛直方向峰對谷大格子數 divs.=

$V_{p\text{-}p}$ 測定值（即上述 2 個物理量相乘的結果）：

時基靈敏度 time/div.指的數值（建議將時基靈敏度 time/div.旋鈕轉到 0.2 ms 處）=

週期大格子數 divs.（水平方向）=

週期測定值（即上述 2 個物理量相乘的結果。如果與 1 ms 相差很多，請立即向教學群反應）：

C. Lissajous 曲線

以 X-Y 模式進行。如果訊號產生器每組僅 1 臺，可以兩兩併組實施，各組分別繪製圖形。從 2 臺訊號產生器發出正弦波，分別接到 CHX 與 CHY。由於 2 臺類比訊號產生器很難將頻率調節到剛好是整數比，通常圖形會持續緩慢變形無法完全靜止，可先用數位相機拍下後再照樣描繪。

註：Lissajous **的法語發音類似華語「哩撒汝（ㄌㄧ ㄙㄚ ㄖㄨˇ）」。**

C1. 請繪製 2 張 $f_x \neq f_y$ 且 f_x：f_y 是簡單整數比的圖形。不討論課本裏的 ϕ 角。

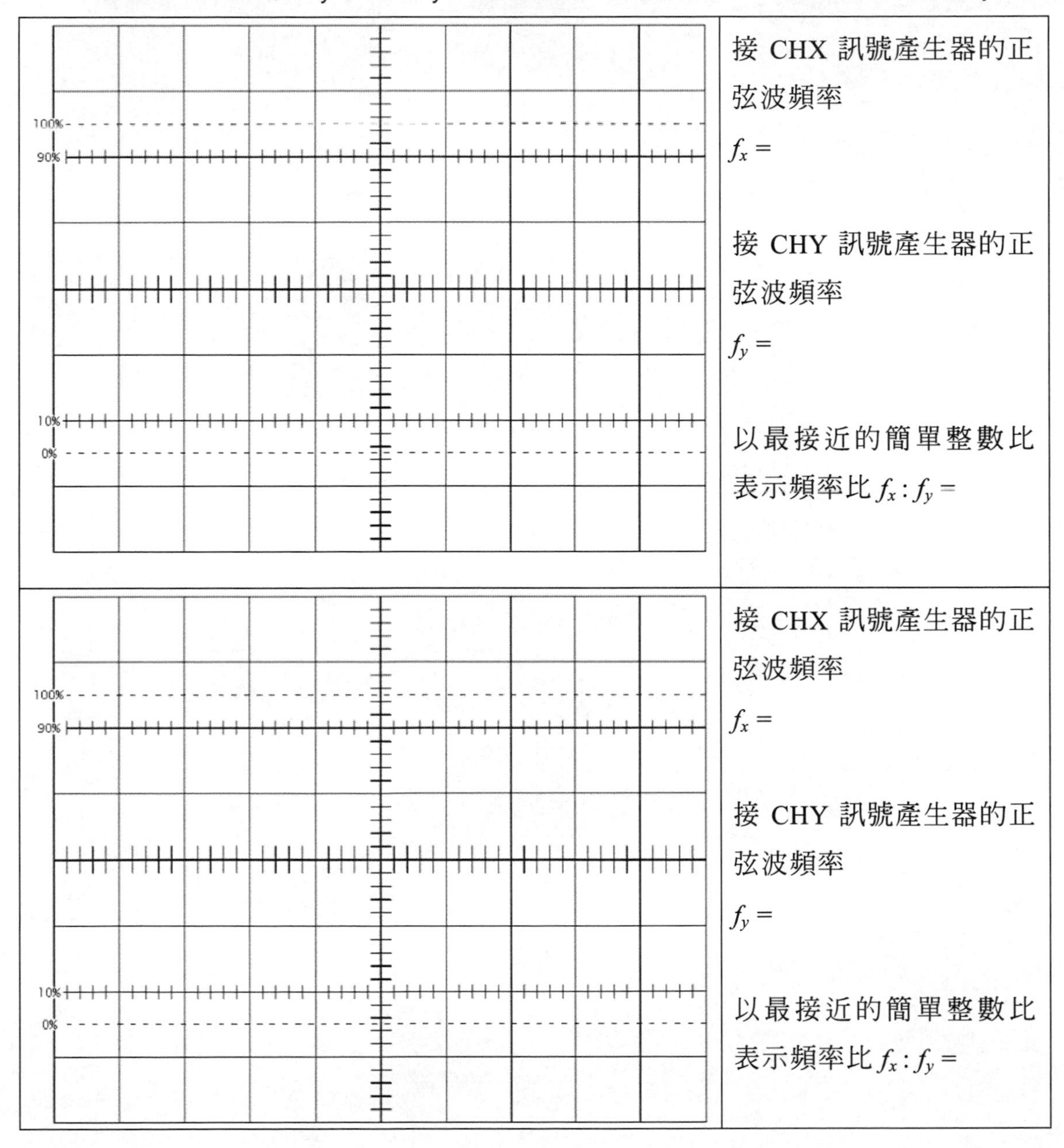

接 CHX 訊號產生器的正弦波頻率

$f_x =$

接 CHY 訊號產生器的正弦波頻率

$f_y =$

以最接近的簡單整數比表示頻率比 $f_x : f_y =$

接 CHX 訊號產生器的正弦波頻率

$f_x =$

接 CHY 訊號產生器的正弦波頻率

$f_y =$

以最接近的簡單整數比表示頻率比 $f_x : f_y =$

C2. 以下繪製 2 張 $f_x = f_y$ 的橢圓圖形，並估算相位差。

實際測量之前，請先將 CHX 與 CHY 皆切換至 GND，確認亮點與原點重合，再切回 AC。由於類比訊號產生器很難把頻率真正調成完全相同，若圖形持續緩慢變動，可取像機拍下某個瞬間，把所得的橢圓形當作完全相同的 2 個輸入頻率來練習。如果橢圓形的長軸在一三象限（右上左下）方向，則相位差大小 $|\phi|$ 在 0° ~ 90°的範圍（也就是說相位差在 0° ~ ±90°的範圍，正負號會影響旋轉的方向，但肉眼不易觀察）；如果橢圓形的長軸在二四象限（左上右下）方向，則相位差大小 $|\phi|$ 在 90° ~ 180°的範圍。由於一般的電算機提供的反正弦函數值只有在−90° ~ +90°，因此若橢圓形的長軸在二四象限，則需用 180°減去電算機提供的值，即相位差的大小 $|\phi| = \sin^{-1}\frac{C}{D} = 180° - \sin^{-1}\frac{C}{D}$

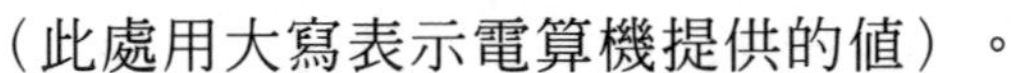
（此處用大寫表示電算機提供的值）。

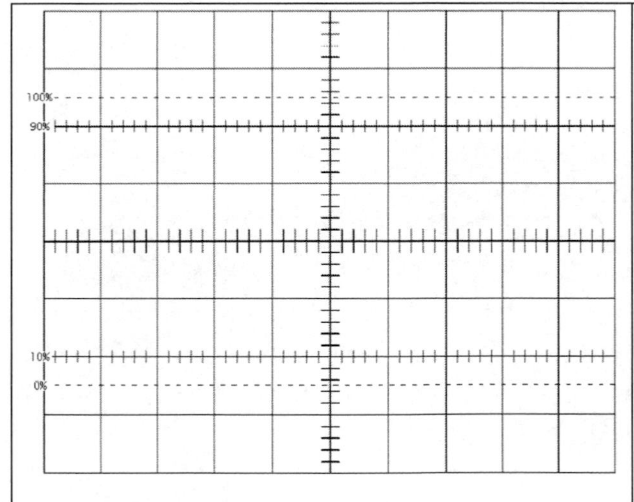

接 CH1 訊號產生器的正弦波頻率

$f_x =$

接 CH2 訊號產生器的正弦波頻率

$f_y =$

頻率比（應該要很接近 1.000）

$f_x / f_y =$

橢圓在橫軸上截出的格子數 $C =$

橢圓在橫方向總共占格子數 $D =$

相位差大小，化成傳統的角度 0° ~ 90°（如果長軸方向在二四向限上，則取補角

90° ~ 180°）$|\phi| = \sin^{-1}\dfrac{C}{D} =$

橢圓在縱軸上截出的格子數 $A =$

橢圓在縱方向總共占格子數 $B =$

相位差大小，化成傳統的角度 0° ~ 90°（如果長軸方向在二四向限上，則取補角 90° ~ 180°）。$|\phi| = \sin^{-1}\dfrac{A}{B} =$

縱橫兩方向的數據算出的相位差大小間有差異嗎？差多少？

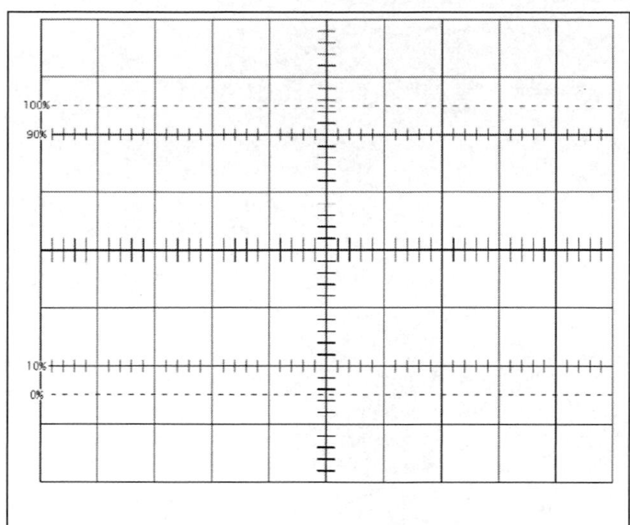

接 CH1 訊號產生器的正弦波頻率

$f_x =$

接 CH2 訊號產生器的正弦波頻率

$f_y =$

頻率比（應該要很接近 1.000）

$f_x / f_y =$

橢圓在橫軸上截出的格子數 $C =$

橢圓在橫方向總共占格子數 $D =$

相位差大小，化成傳統的角度 0° ~ 90°（如果長軸方向在二四向限上，則取補角 90° ~ 180°） $|\phi| = \sin^{-1}\dfrac{C}{D} =$

橢圓在縱軸上截出的格子數 $A =$

橢圓在縱方向總共占格子數 $B =$

相位差大小，化成傳統的角度 0° ~ 90°（如果長軸方向在二四向限上，則取補角 90°~180°）。 $|\phi| = \sin^{-1}\dfrac{A}{B} =$

縱橫兩方向的數據算出的相位差大小間有差異嗎？差多少？

D. 同步功能的測試

說明：本步驟的目的，在於實際驗證觸發（trigger）的截距（level）與斜率（slope）調整功能，因此必需適當利用水平位移旋鈕（position◀▶），將正弦波形較一般觀察時向右移半個螢幕，使波形最左端儘可能靠近螢幕中央的縱軸附近，並且集中注意觀察波形最左方端點的截距與斜率。請參考實驗課本的表 7.1-1。至於輸入建議選擇 CH1（CHA），可避免有同學不慎按到 CH2 INV 使圖形上下顛倒，並且把觸發的來源（source）也撥到相同的 CH1（CHA）位置上。在進行觀察之前，務必先把輸入切換至 GND，並利用與 CH1（CHA）對應的垂直位移旋鈕（position↕），把水平線調至與橫軸重合的位置上，再切回 AC。觀測時把截距（trigger level）分別左右旋轉至+、0、−等 3 種不同的位置（正負值可在波形振幅以內任意設定；若超過振幅則類比示波器的波形會不斷流動，無法靜止），斜率（slope）按鈕分別調至+、−等 2 種位置，總共 6 種組合。實作的 6 種例子如下表。這個步驟除了要繪製 6 種穩定不動的圖形之外，也要請全組每位同學確實輪流操作，左右轉動 level 旋鈕，練習去感覺端點高度與 level 旋鈕間的關係。

以下是 6 種巧妙活用 level 旋鈕與 slope 按鈕的實際例子。若 Level 不動，將 Slope 在正負號之間切換，即可分別得到同一橫排左右 2 個圖形。

<table>
<tr>
<td>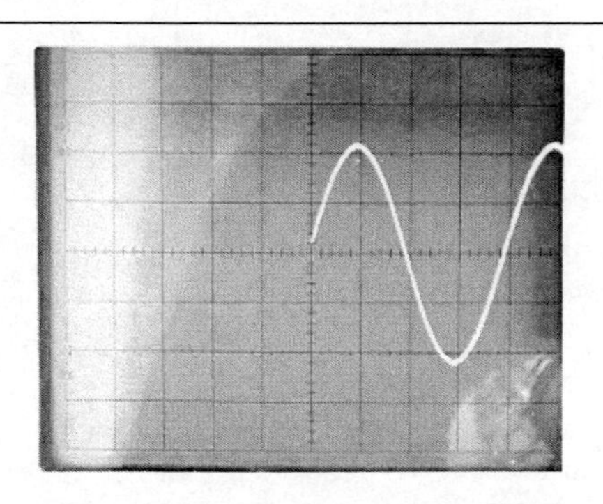
Level 零，Slope 正。可以察覺觸發與實際顯示有些微的時間差，因此圖形上的端點位置比零高了一點。</td>
<td>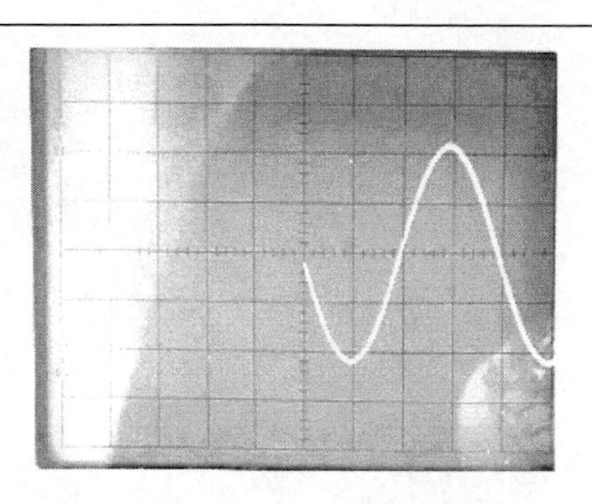
Level 零，Slope 負。可以察覺觸發與實際顯示有些微的時間差，因此圖形上的端點位置比零低了一點。</td>
</tr>
<tr>
<td>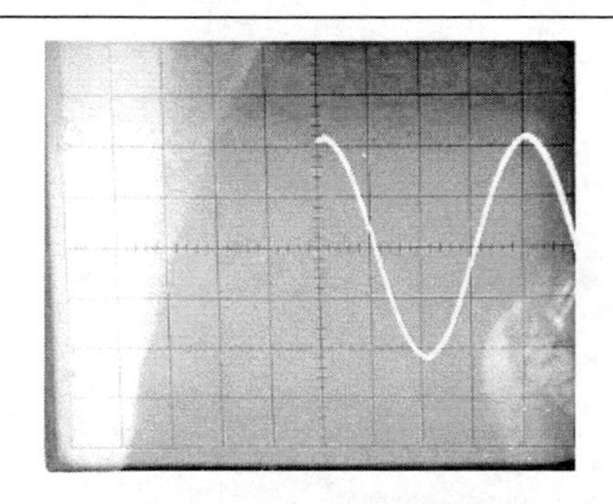
Level 正，Slope 正。所以圖形端點出現在橫軸上方，且先向上斜。</td>
<td>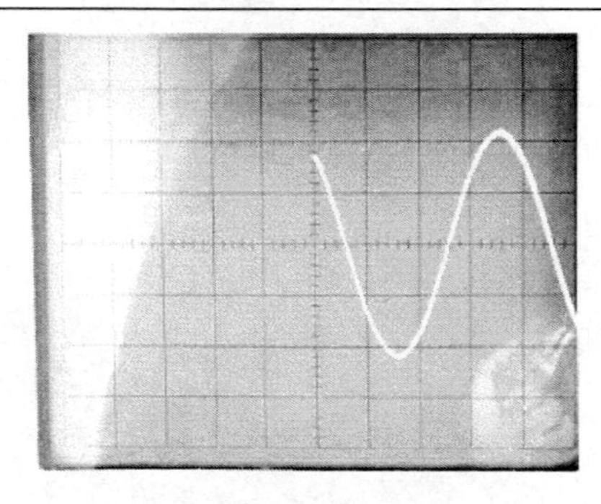
Level 正，Slope 負。所以圖形端點出現在橫軸上方，且先向下斜。</td>
</tr>
<tr>
<td>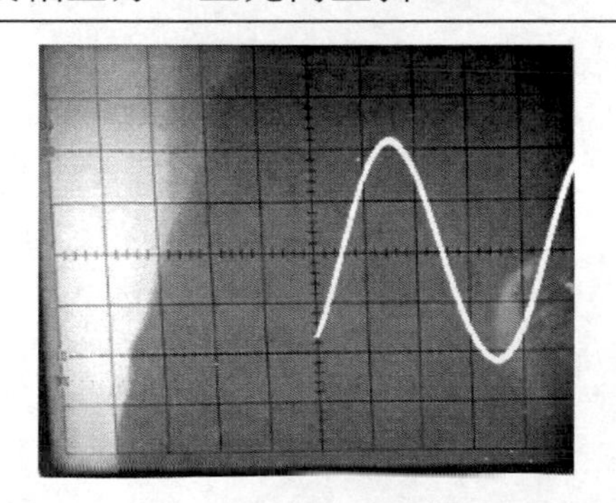
Level 負，Slope 正。所以圖形端點出現在橫軸下方，且先向上斜。</td>
<td>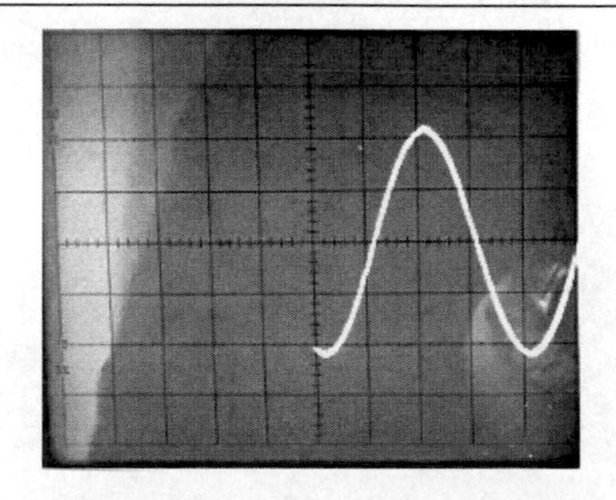
Level 負，Slope 負。所以圖形端點出現在橫軸下方，且先向下斜。</td>
</tr>
</table>

請繪製實際觀察到的穩定波形

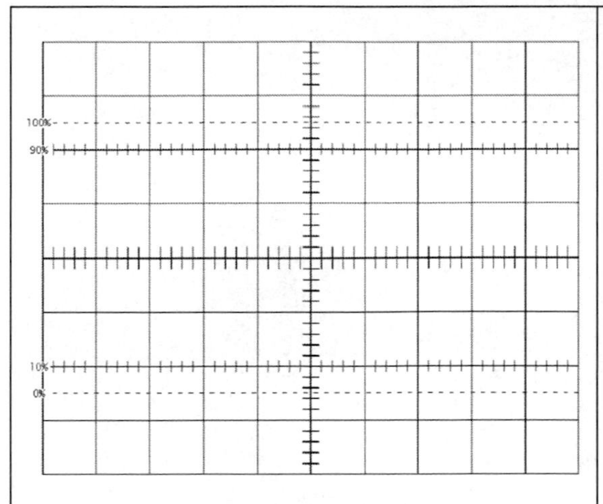

Trigger level（正、或零、或負？）

Slope（正、或負？）

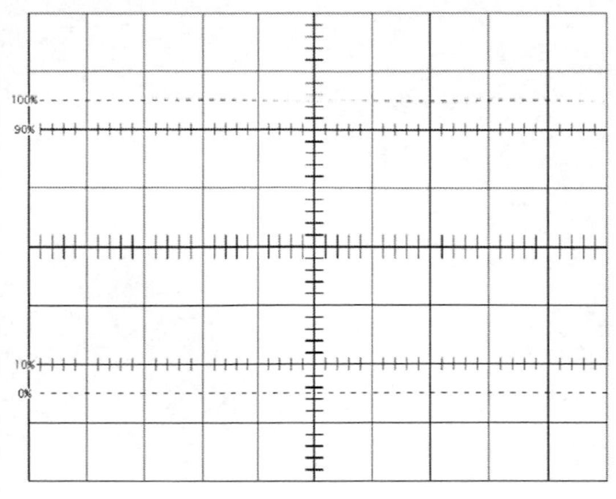

Trigger level（正、或零、或負？）

Slope（正、或負？）

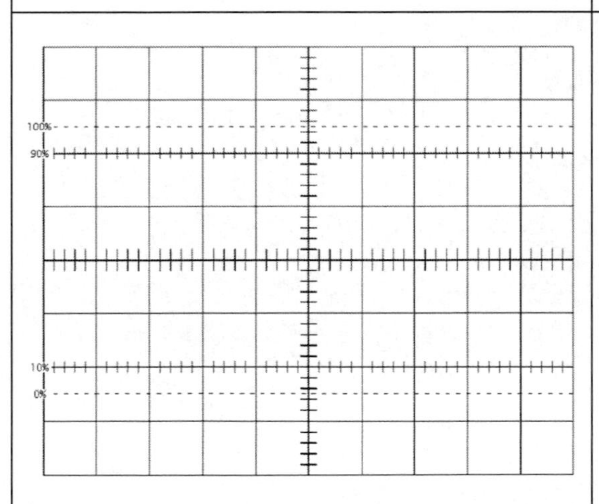

Trigger level（正、或零、或負？）

Slope（正、或負？）

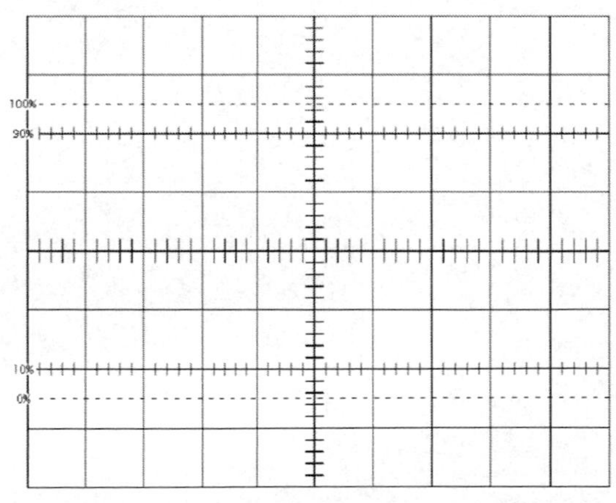

Trigger level（正、或零、或負？）

Slope（正、或負？）

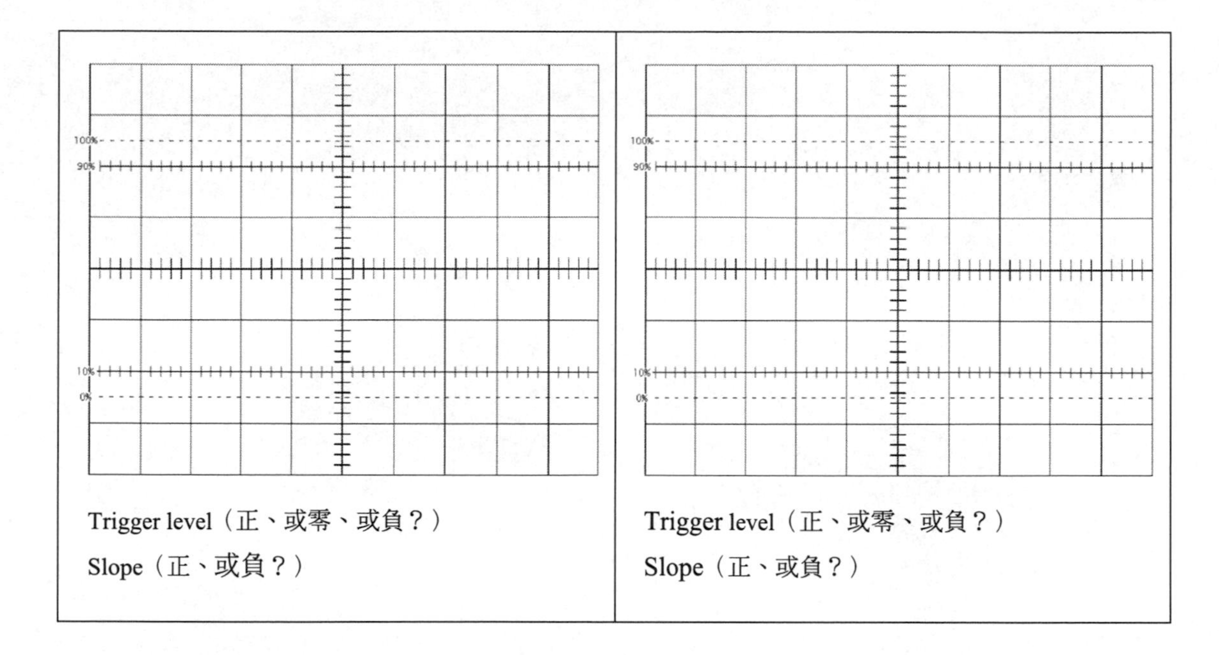

E. <u>方波</u>頻率測定：3 次選擇不同的數量級 (10 的不同次方，即差別在 10 倍以上)

	第 1 次	第 2 次	第 3 次
訊號產生器所示頻率 f_{FG} [寫明單位]			
示波器時基靈敏度 time/div. [寫明單位]			
1 週期 ⊓⊔ 或 ⊔⊓ 在橫方向所占的大格子數			
示波器所測出的週期 T（即上 2 欄相乘的結果）[s]			
示波器所測出的頻率 [Hz] $f_{os} = 1/T$			
頻率的誤差百分比 $100\% \times (f_{OS} - f_{FG}) / f_{FG}$			

從類比示波器畫面能讀取的有效位數並不多，但至少讀到的頻率與真正頻率應在同個數量級，誤差不可大於 100%。

F. <u>正弦波</u>頻率測定：3 次選擇不同的數量級

	第 1 次	第 2 次	第 3 次
訊號產生器所示頻率 f_{FG} [寫明單位]			
示波器時基靈敏度 time/div. [寫明單位]			
1 週期峰到峰 ⋁ 或谷到谷 ⋀（即每個 div.）在橫方向所占的大格子數			
示波器所測出的週期 T（即上 2 欄相乘的結果）[s]			
示波器所測出的頻率 [Hz] $f_{OS}=1/T$			
頻率的誤差百分比 $100\%\times(f_{OS}-f_{FG})/f_{FG}$			

從類比示波器畫面能讀取的有效位數並不多，但至少讀到的頻率與真正頻率應在同個數量級，誤差不可大於 100%。

實驗 7.2 變壓器

未接負載時 ($R \to \infty$)

輸入頻率 f=　　　　　　　　　　　　(三用電表或示波器測得電壓比)

N_1	N_2	rms(V_1)	rms(V_2)	$V_{1,p\text{-}p}$	$V_{2,p\text{-}p}$	N_1/N_2	V_1/V_2	誤差%

接上負載時 R=

輸入頻率 f=　　　　　　　　　　　　(三用電表或示波器測得電壓比)

N_1	N_2	rms(V_1)	rms(V_2)	$V_{1,p\text{-}p}$	$V_{2,p\text{-}p}$	N_1/N_2	V_1/V_2	誤差%

實驗 7.3 鬆弛現象與阻尼振盪

A. *RC* 電路中的電荷弛緩：以方波驅動 *RC* 電路觀察 *RC* 的充放電

用電錶測得的電阻值 (單位Ω, kΩ, MΩ) $R =$

標定值或用電錶測得的電容值 (單位 F, mF, μF, nF, pF) $C =$

初估時間常數 (單位 s, ms, μs, ns) $\tau = RC =$

初估半衰期 (單位 s, ms, μs, ns) $t_{1/2} = RC \ln 2 =$

初估上升或下降時間 (單位 s, ms, μs, ns) $t_r = t_f = RC \ln 9 =$

*注意 1：整個實驗中，時基靈敏度的 cal. (<calibration) 必需向右轉到底。

*注意 2：在 1~3 的圖形中，trigger 的觸發 source 選擇 ch1 或 ch2，不要按下 trig. alt.，以免 2 個訊號間相互有時間差偏移。ch1 與 ch2 電壓靈敏度保持相同，並且將 cal (灰色或紅色小旋鈕) 向右轉到底。儘可能調整成 1 個週期以上，2 個週期以下的圖形，以 dual 同時觀察 2 個 channel 的訊號 (不是 add) 並畫下圖形給助教檢查。

*注意 3：如果輸入方波的波形失真，請檢查訊號線及訊號產生器。

*注意 4：3 的步驟要解除示波器 (或訊號產生器) 的接地，請注意雜訊的問題。其它的步驟則可儘量保持接地。

1. 方波訊號，與電容器上的電位差

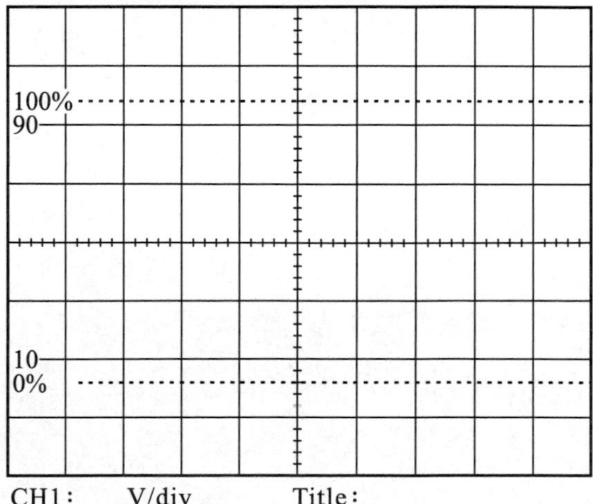

(記得註明靈敏度與單位，不按 inv)

2. 方波訊號，與電阻器上的電位降

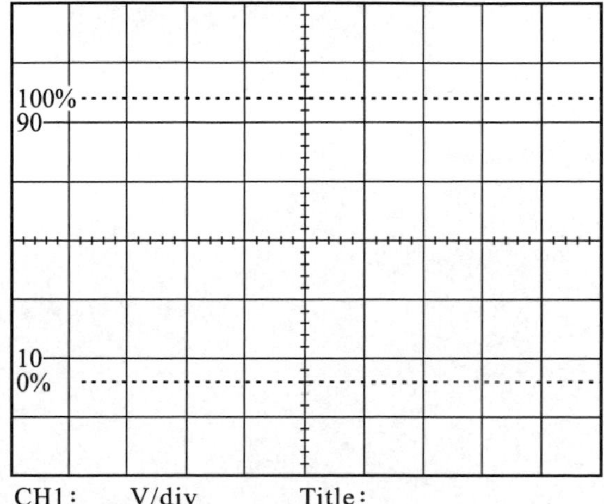

(記得註明靈敏度與單位，不按 inv)

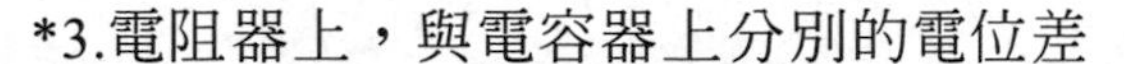

*3.電阻器上，與電容器上分別的電位差

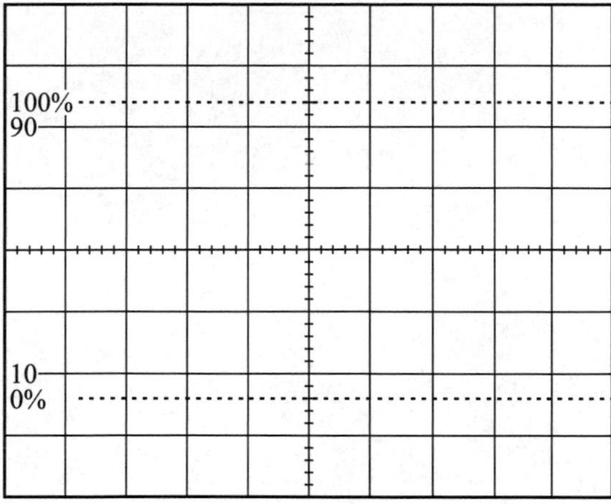

CH1： V/div Title：
CH2： V/div
Time/div：

(記得註明靈敏度與單位，按下 inv)

在 4~6 的步驟巧妙運用 ch1 或 ch2 電壓靈敏度的 cal.，調出適合讀取半衰期或上升下降時間的圖形；不需向右轉到底。時基靈敏度的 cal.則保持向右轉到底。

4. 半衰期的測定與分析

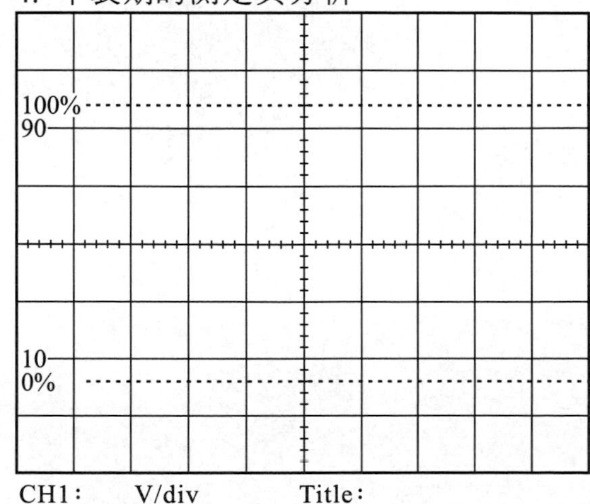

CH1： V/div Title：
CH2： V/div
Time/div：

時基靈敏度 (單位 s, ms , μs, ns)

將衰減後平衡點置於 0%，某個頂點對齊 100%，測得振幅半衰期長度：

以初估數據 $RC \ln 2$ 爲準，誤差百分比：

5. 上升時間的測定與分析

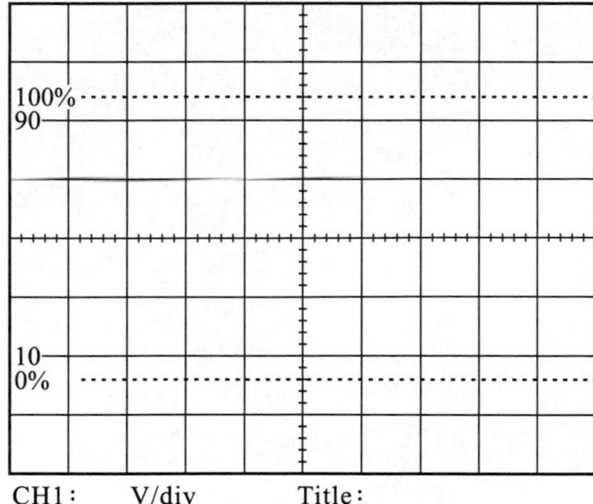

時基靈敏度 (單位 s, ms , μs, ns)

將衰減後平衡點置於 100%，某個頂點對齊 0%，測得振幅上升時間 t_r：

以初估數據 $RC \ln 9$ 爲準，誤差百分比：

6. 下降時間的測定與分析

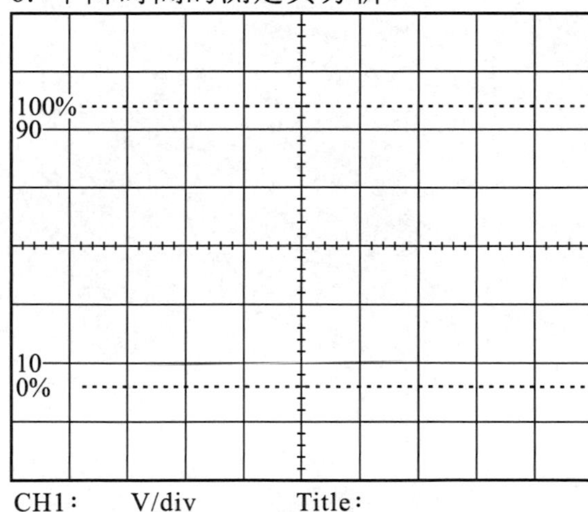

時基靈敏度 (單位 s, ms , μs, ns)

將衰減後平衡點置於 0%，某個頂點對齊 100%，測得振幅下降時間 t_f：

以初估數據 $RC \ln 9$ 爲準，誤差百分比：

B. *RLC* 電路中的阻尼振盪：次阻尼振盪中振幅衰減的觀察，當 $T' < 1/\beta$，觀察許多振盪頂點所連成的圖形

用電錶測得的電阻值 (單位Ω, kΩ, MΩ) $R =$

用電錶測得的電阻值 (單位Ω, kΩ, MΩ) $R =$

標定值或用電錶測得的電容值 (單位 F, mF, μF, nF, pF) $C =$

標定值或用電錶測得的電感值 (單位 H, mH, μH, nH, pH) $L =$

用電錶測得的電感器內電阻 (單位Ω, kΩ, MΩ) $r =$

初估共振角頻率 (單位 rad/s) $\omega_0 = \dfrac{1}{\sqrt{LC}} =$

初估振幅衰減率 (單位 1/s) $\beta = \dfrac{R+r}{2L} =$

初估次阻尼振盪準週期 (單位 s, ms, μs, ns) $T' = \dfrac{2\pi}{\sqrt{\omega_0^2 - \beta^2}} =$

初估振幅衰減時間常數 (單位 s, ms , μs, ns) $\tau = \dfrac{1}{\beta} = \dfrac{2L}{R+r} =$

初估振幅半衰期 (單位 s, ms , μs, ns) $t_{1/2} = \tau \ln 2 = \dfrac{2L\ln 2}{R+r} =$

初估振幅上升或下降時間 (單位 s, ms , μs, ns) $t_{\mathrm{r}} = t_f = \tau \ln 9 = \dfrac{2L\ln 9}{R+r} =$

*注意 1：選擇適當的組合，使準週期約是振幅衰減時間常數的 10 倍以上。

*注意 2：整個實驗中，時基靈敏度的 cal. (<calibration) 必需向右轉到底。巧妙運用 ch1 或 ch2 電壓靈敏度的 cal.，調出適合讀取半衰期或上升下降時間的圖形；不需向右轉到底。

*注意 3：如果輸入方波的波形失真，請檢查訊號線及訊號產生器。

1. 電容器上的電位差 (約 10 個準週期，將外側輪廓繪清楚，內部大略示意即可)

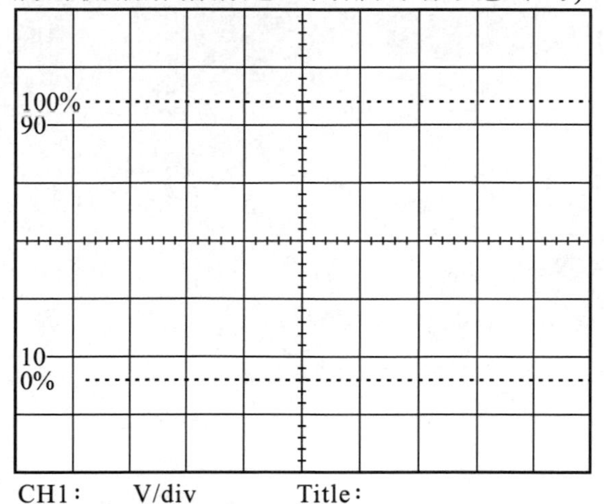

CH1： V/div Title：
CH2： V/div
Time/div：

測得準週期長度：

2. 準週期的測定與分析：把圖形儘可能放大，只留約 1 至 2 個準週期

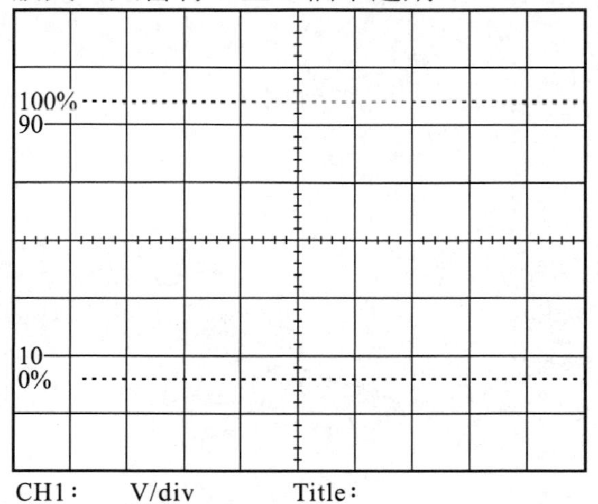

CH1： V/div Title：
CH2： V/div
Time/div：

以初估數據爲準，誤差百分比

3. 振幅半衰期的測定與分析

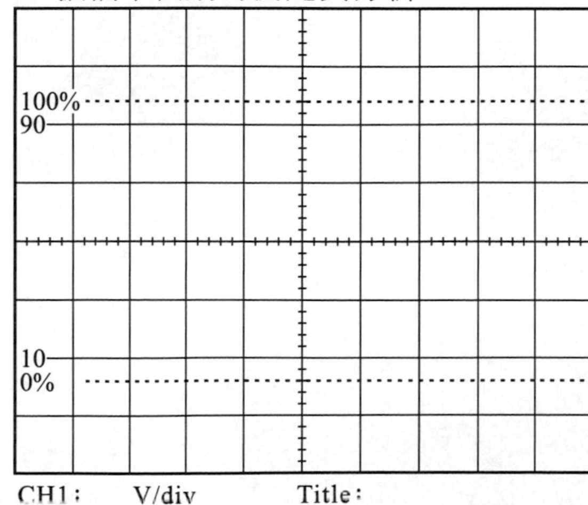

CH1： V/div Title：
CH2： V/div
Time/div：

時基靈敏度 (單位 s, ms , μs, ns)

測得振幅半衰期長度：

以初估數據爲準，誤差百分比：

4. 振幅上升時間的測定與分析

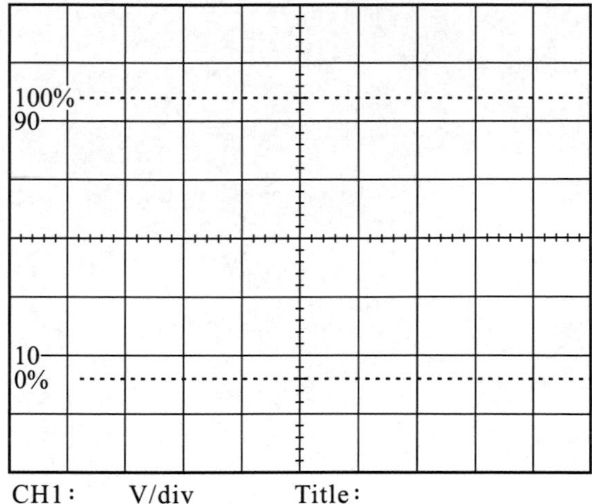

CH1： V/div Title：
CH2： V/div
Time/div：

時基靈敏度 (單位 s, ms , μs, ns)

測得振幅上升時間長度：

以初估數據爲準，誤差百分比：

5. 振幅下降時間的測定與分析

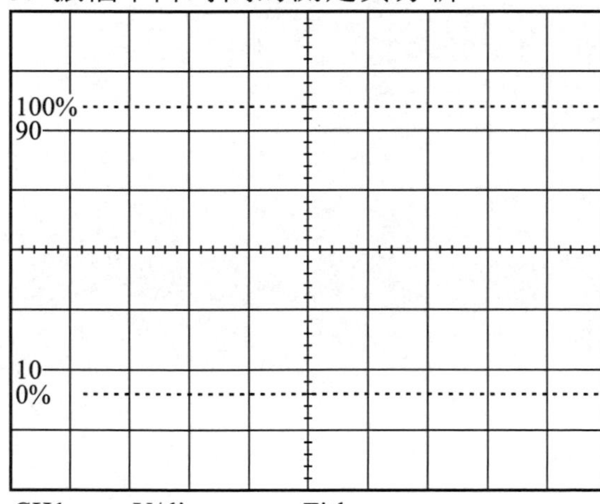

CH1： V/div Title：
CH2： V/div
Time/div：

時基靈敏度 (單位 s, ms , μs, ns)

測得振幅下降時間長度：

以初估數據爲準，誤差百分比：

C. *RLC* 電路中的阻尼振盪：利用可變電阻 *R* 及固定的 *LC*，觀察次阻尼至過阻尼之間的過渡

標定值或用電錶測得的電容值 (單位 F, mF, μF, nF, pF) $C =$

標定值或用電錶測得的電感值 (單位 H, mH, μH, nH, pH) $L =$

用電錶測得的電感內電阻值 (單位Ω) $r =$

初估共振角頻率 (單位 rad/s) $\omega_0 = \dfrac{1}{\sqrt{LC}} =$

初估共振頻率 (單位 Hz) $f_0 = \dfrac{\omega_0}{2\pi} = \dfrac{1}{2\pi\sqrt{LC}} =$

初估臨界阻尼振盪所需的電阻值 (單位Ω, kΩ, MΩ) $R + r = \sqrt{\dfrac{4L}{C}} =$

*注意：整個實驗中，時基靈敏度的 cal. (<calibration) 必需向右轉到底。

次阻尼振盪：選擇可變電阻值在 $R + r < \sqrt{\dfrac{4L}{C}}$ 處，描繪次阻尼振盪的圖形。若初估數值出現的圖形不理想，以圖形判斷爲準。

將可變電阻從電路上孤立，用電錶測得其電阻值 (單位Ω, kΩ, MΩ) $R =$

初估衰減常數 (單位 s^{-1}) $\beta = \dfrac{R + r}{2L} =$

檢證是否 $\beta < \omega_0$？若否，推測誤差來源：

初估準週期長度 (單位 s) $T' = \dfrac{4\pi LC}{\sqrt{4LC - (R + r)^2 C^2}} =$

1. 次阻尼振盪的測定與分析

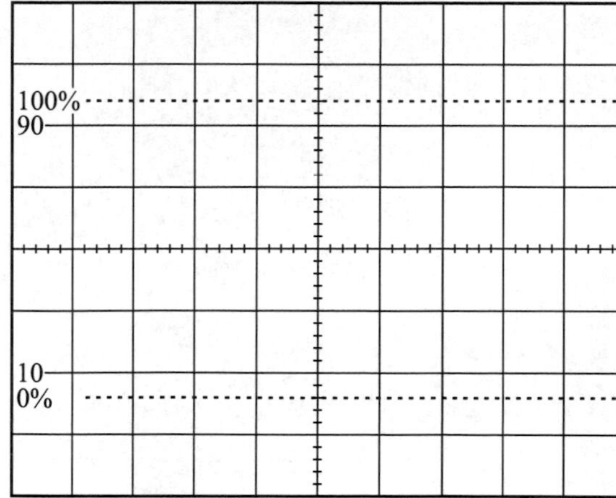

CH1：　V/div　　Title：
CH2：　V/div
Time/div：

儘量選取有振盪但是振盪衰減較快者 ($T' < 1/\beta$)，並將所有的振盪線繪清楚，而非只取頂點輪廓。

時基靈敏度 (單位 s, ms, μs, ns)

若振盪超過 1 次，試測出準週期長度：

過阻尼振盪：選擇可變電阻值在 $R+r > \sqrt{\dfrac{4L}{C}}$ 處，描繪過阻尼振盪的圖形。若初估數值出現的圖形不理想，以圖形判斷爲準。

2. 過阻尼振盪的描繪

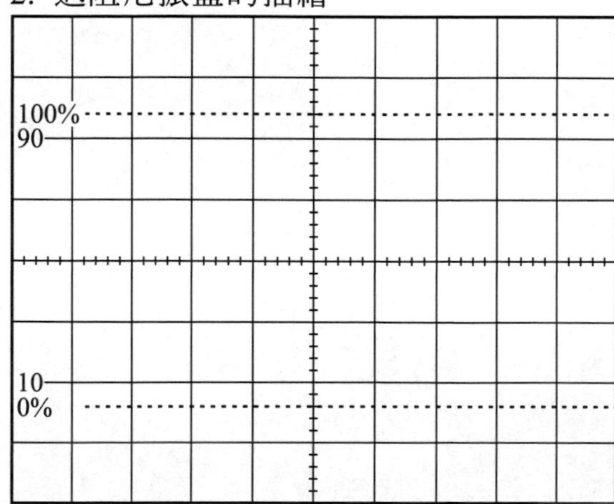

CH1：　V/div　　Title：
CH2：　V/div
Time/div：

將可變電阻從電路上孤立，用電錶測得其電阻值 (單位Ω, kΩ, MΩ) $R =$

初估衰減常數 (單位 s^{-1}) $\beta = \dfrac{R+r}{2L} =$

檢證是否 $\beta > \omega_0$？若否，推測誤差來源：

臨界阻尼振盪附近：選擇可變電阻值約在 $R=\sqrt{\frac{4L}{C}}$ 處，利用圖形判斷，儘可能調節成靠近臨界阻尼振盪的圖形，也就是最快趨於平衡點且不來回振盪的圖形。

3. 臨界阻尼振盪的描繪

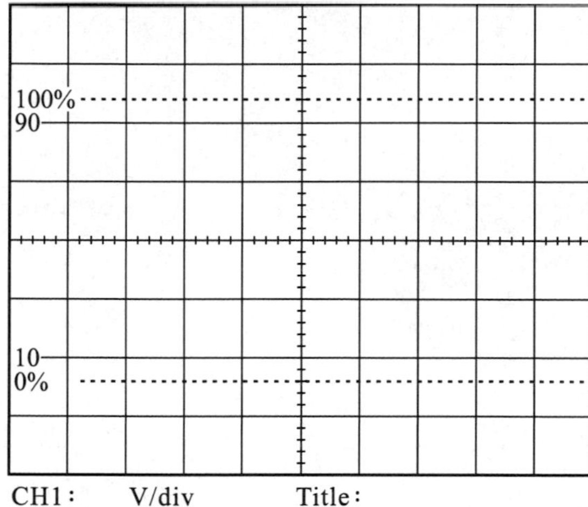

CH1： V/div Title：
CH2： V/div
Time/div：

時基靈敏度 (單位 s, ms , μs, ns)

將可變電阻從電路上孤立，用電錶測得其電阻值 (單位Ω, kΩ, MΩ) $R=$

初估衰減常數 (單位 s^{-1}) $\beta=\frac{R+r}{2L}=$

檢證是否 $\beta=\omega_0$? 若否，推測誤差來源：

可能無法眞正調至臨界阻尼振盪，但應儘可能逼進臨界阻尼振盪的圖形，可參考右圖中 $\zeta=1$ 的情形。曲線最快趨近平衡點，但是又不會超過平衡點。比較：$\zeta=2$ 時較慢趨近平衡點；$\zeta=0.7$ 時會略微超過平衡點再衰減。(參考自 Wikipedia)

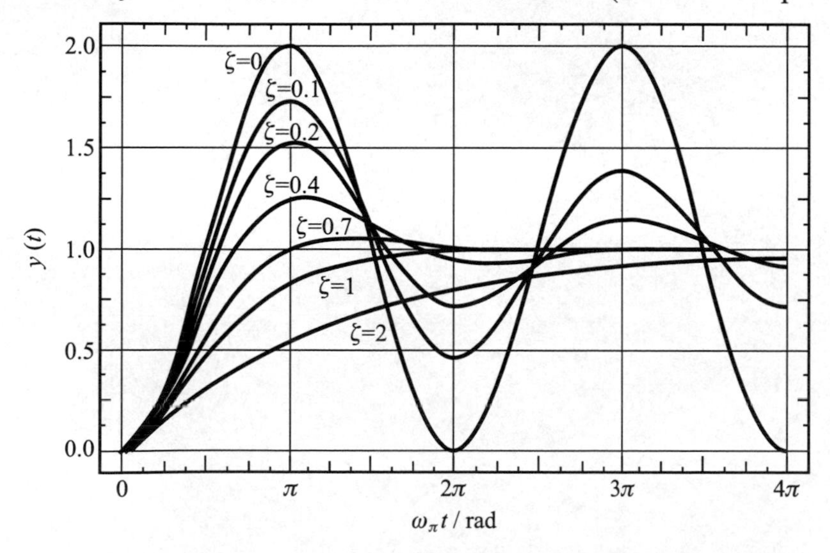

實驗 8.1 反射、折射與偏振

A1. 反射

壓克力半圓柱體反射定律實驗

逆時鐘轉		順時鐘轉	
入射角	反射角	入射角	反射角

結論：

玻璃半圓柱體反射定律實驗

逆時鐘轉		順時鐘轉	
入射角	反射角	入射角	反射角

結論：

A2. 折射

壓克力半圓柱體折射定律實驗，光線由空氣至壓克力

	入射角 i	sin i	折射角 r	sin r	折射率 n= sin i / sin r
左轉					
右轉					
				平均 n=	

壓克力半圓柱體折射定律實驗，光線由壓克力至空氣

	入射角 i	sin i	折射角 r	sin r	折射率 n'= sin i / sin r
左轉					
右轉					
				平均 n'=	

nn'=

玻璃半圓柱體折射定律實驗，光線由空氣至玻璃

	入射角 i	sin i	折射角 r	sin r	折射率 n= sin i / sin r
左轉					
右轉					
				平均 n=	

玻璃半圓柱體折射定律實驗，光線由玻璃至空氣

	入射角 i	sin i	折射角 r	sin r	折射率 n'= sin i / sin r
左轉					
右轉					
				平均 n'=	

nn'=

B. 臨界角

壓克力

臨界角推測值 $c_{th} = \sin^{-1} n' =$

實驗值 $c =$

誤差 $100\% \times (c - c_{th})/c_{th} =$

玻璃

臨界角推測值 $c_{th} =$

實驗值 $c =$

誤差 $100\% \times (c - c_{th})/c_{th} =$

C. 光的偏振

文字描述

二片偏振片的實驗

角度	0°	30°	60°	90°	120°	150°	180°	
強度								

三片偏振片的實驗

0° -- 45° -- 90° 共三片：

0° -- 90° 抽去中間一片：

D. Brewster 角

壓克力

Brewster 角推測值 p_{th} =

實驗值 p =

誤差 $100\% \times (p - p_{\mathrm{th}})/p_{\mathrm{th}}$ =

玻璃

Brewster 推測值 p_{th} =

實驗值 p =

誤差 $100\% \times (p - p_{\mathrm{th}})/p_{\mathrm{th}}$ =

文字描述

反射光的偏振方向爲：

實驗 8.2 繞 射

A1. 格子常數的測定 $\lambda = 630$ nm

注意：實驗時會用到許多不同的單位，需確實填在括號內。計算時注意單位變換。

光柵片 (100 條刻痕/mm)

$L =$

亮點 n	左 3	左 2	左 1	右 1	右 2	右 3
x_n ( )						

平均間隔$\Delta x =$ ( ) 實驗值 $d_{100} =$ ( )

$L =$

亮點 n	左 3	左 2	左 1	右 1	右 2	右 3
x_n ( )						

平均間隔$\Delta x =$ ( ) 實驗值 $d_{100} =$ ( )

$L =$

亮點 n	左 3	左 2	左 1	右 1	右 2	右 3
x_n ( )						

平均間隔$\Delta x =$ ( ) 實驗值 $d_{100} =$ ( )

格子常數實驗值的平均 $d_{100} =$ ( )

光柵片 (528 條刻痕/mm)

$L =$

亮點 n	左 3	左 2	左 1	右 1	右 2	右 3
x_n ( )						

平均間隔$\Delta x =$ ( ) 實驗值 $d_{528} =$ ( )

$L =$

亮點 n	左 3	左 2	左 1	右 1	右 2	右 3
x_n ( )						

平均間隔$\Delta x =$ ( ) 實驗值 $d_{528} =$ ( )

L =

亮點 n	左 3	左 2	左 1	右 1	右 2	右 3
x_n ( )						

平均間隔Δx =   (   )   實驗值 d_{528} =   (   )

格子常數實驗值的平均 d_{528} =   (   )

A2. 濾色片波長的測定

紅色

標定刻痕數	實驗值 d ( )	L ( )	左 n	左 x_n ( )	右 n	右 x_n ( )	Δx ( )	λ ( )
100/mm								
100/mm								
528/mm								
528/mm								

波長平均 ＝

綠色

100/mm								
100/mm								
528/mm								
528/mm								

波長平均 ＝

藍色

100/mm								
100/mm								
528/mm								
528/mm								

波長平均 ＝

A3. 混色光的色散：可見光波長範圍的測定

紅色的最長波長

標定刻痕數	實驗值 d (　)	L (　)	左 n	左 x_n (　)	右 n	右 x_n (　)	Δx (　)	λ (　)
100/mm								
100/mm								
528/mm								
528/mm								

波長平均 ＝

紫色的最短波長

100/mm								
100/mm								
528/mm								
528/mm								

波長平均 ＝

B. 單狹縫繞射

狹縫寬標定值：

D =　　　(　　)　　$\lambda = 630$ nm

區域中心名稱	位置 y (　　)	區域名稱	寬度 Δy (　　)
左 n=4 暗區中心		左第 3 亮區	
左 n=3 暗區中心		左第 2 亮區	
左 n=2 暗區中心		左第 1 亮區	
左 n=1 暗區中心		中央亮區÷2	
右 n=1 暗區中心		右第 1 亮區	
右 n=2 暗區中心		右第 2 亮區	
右 n=3 暗區中心		右第 3 亮區	
右 n=4 暗區中心		平均	

縫寬實驗值 b =　　　　(　　)

狹縫寬標定值：

$D =$ ( ) $\lambda = 630$ nm

區域中心名稱	位置 y ( )	區域名稱	寬度Δy ( )
左 n=4 暗區中心		左第 3 亮區	
左 n=3 暗區中心		左第 2 亮區	
左 n=2 暗區中心		左第 1 亮區	
左 n=1 暗區中心		中央亮區÷2	
右 n=1 暗區中心		右第 1 亮區	
右 n=2 暗區中心		右第 2 亮區	
右 n=3 暗區中心		右第 3 亮區	
右 n=4 暗區中心		平均	

縫寬實驗值 $b =$ ( )

C. 雙狹縫干涉與繞射

狹縫間距標定值：

$D =$ ( ) $\lambda = 630$ nm

(a) 干涉現象：計算時避開(b)單狹縫繞射的暗區最好用中央亮區。

亮點或暗紋的寬度 w= 亮點或暗紋的個數 m=

每個點之間的平均距離 $w/(m-1)$=

縫間距實驗值 $d =$ ( )

(b) 繞射現象：由亮點的明暗變化來判斷

區域中心名稱	位置 y ( )	區域名稱	寬度 Δy ( )
左 n=4 暗區中心		左第 3 亮區	
左 n=3 暗區中心		左第 2 亮區	
左 n=2 暗區中心		左第 1 亮區	
左 n=1 暗區中心		中央亮區÷2	
右 n=1 暗區中心		右第 1 亮區	
右 n=2 暗區中心		右第 2 亮區	
右 n=3 暗區中心		右第 3 亮區	
右 n=4 暗區中心		平均	

縫寬實驗值 $b =$ ( )

狹縫間距標定值：

$D =$ ( ) $\lambda = 630$ nm

(a) 干涉現象：計算時避開(b)單狹縫繞射的暗區最好用中央亮區。

亮點或暗區的寬度 w= 亮點或暗紋的個數 m=

每個點之間的平均距離 $w/(m-1)$=

縫間距實驗值 d = ( )

(b) 繞射現象: 由亮點的明暗變化來判斷

區域中心名稱	位置 y ( )	區域名稱	寬度Δy ( )
左 n=4 暗區中心		左第 3 亮區	
左 n=3 暗區中心		左第 2 亮區	
左 n=2 暗區中心		左第 1 亮區	
左 n=1 暗區中心		中央亮區÷2	
右 n=1 暗區中心		右第 1 亮區	
右 n=2 暗區中心		右第 2 亮區	
右 n=3 暗區中心		右第 3 亮區	
右 n=4 暗區中心		平均	

縫寬實驗值 b = ( )